生态环境部应对气候变化司审定

QUANGUO TANSHICHANG
BAIWEN BAIDA

全国碳市场百问百答

国家应对气候变化战略研究和国际合作中心 / 组织编写

中国环境出版集团 · 北京

图书在版编目（CIP）数据

全国碳市场百问百答 / 国家应对气候变化战略研究和国际合作中心组织编写 . —北京：中国环境出版集团，2022.8（2022.10 重印）

ISBN 978-7-5111-5249-7

Ⅰ. ①全…　Ⅱ. ①国…　Ⅲ. ①二氧化碳—排污交易—中国—问题解答　Ⅳ. ① X511-44

中国版本图书馆 CIP 数据核字（2022）第 149945 号

出 版 人　武德凯
责任编辑　孙　莉
责任校对　薄军霞
封面设计　彭　杉

出版发行　中国环境出版集团
（100062　北京市东城区广渠门内大街 16 号）
网　　址：http: //www.cesp.com.cn
电子邮箱：bjgl@cesp.com.cn
联系电话：010-67112765（编辑管理部）
010-67112736（第五分社）
发行热线：010-67125803，010-67113405（传真）

印　　刷　北京中献拓方科技发展有限公司
经　　销　各地新华书店
版　　次　2022 年 8 月第 1 版
印　　次　2022 年 10 月第 2 次印刷
开　　本　787 × 1092　1/16
印　　张　13.75
字　　数　206 千字
定　　价　58.00 元

编写说明

为做好全国碳排放权交易市场（以下简称全国碳市场）建设和运行保障工作，生态环境部积极搭建了全国碳市场帮助平台并建立了保障员—联络员沟通机制，组织专家团队持续开展全国碳市场问答咨询服务，及时解答全国碳市场各级地方主管部门、相关行业协会、重点排放单位、第三方技术服务机构等相关参与方遇到的政策和技术问题。迄今为止，通过各种渠道收到和解答的问题近千个，涉及碳排放数据监测、报告、核查，配额分配，清缴履约，碳排放数据报送系统、碳排放权注册登记系统、交易系统使用等。

然而，上述问题提出的时间跨度较大，其间全国碳市场相关政策和技术规则几经修订和完善，相应的问题解答也有必要及时更新。为了增强问题解答的时效性、准确性和可用性，国家应对气候变化战略研究和国际合作中心在生态环境部应对气候变化司的委托和指导下，在挪威驻华使馆、挪威环境署以及美国环保协会（EDF）的项目资金支持下，组织生态环境部对外合作与交流中心、生态环境部环境发展中心、中环联合（北京）认证中心有限公司、中国质量认证中心、清华大学、生态环境部环境工程评估中心、全国碳排放权注册登记机构和交易机构等相关单位根据当前政策文件和技术规范对以往问题解答进行了一次系统地梳理、复核和凝练，在此基础上形成了《全国碳市场百问百答》，以供全国碳市场相关参与方参考使用。本书中的标准文件没有注明日期，其最新版本（包括所有的修改单）适用于本书中的该标准文件。

由于全国碳市场相关政策和技术体系涉及面广而编者水平有限，《全国碳市场百问百答》在编写中难免挂一漏万，疏漏之处敬请广大读者和行业专家批评指正，以便能够及时更正或修订。

《全国碳市场百问百答》编写组

2022 年 6 月

目录

CONTENTS

第一章

碳排放核算、报告、核查

Carbon

一、共性问题

1. 名录管理 请问全国碳排放权交易市场纳入配额管理的重点排放单位名录，是否会公布？

答： 需要公布。根据《碳排放权交易管理办法（试行）》（生态环境部令第19号）第九条的规定，省级生态环境主管部门应当按照生态环境部的有关规定，确定本行政区域重点排放单位名录，向生态环境部报告，并向社会公开。

2. 覆盖行业 哪些行业需要报告温室气体排放量数据？是所有行业还是只有八大行业？

答： 请按照生态环境部最新发布的《关于做好2022年企业温室气体排放报告管理相关重点工作的通知》（环办气候函〔2022〕111号）（以下简称《数据报送通知》）中指明的工作范围来确定。例如，根据《数据报送通知》，2020年和2021年任一年温室气体排放量达2.6万吨二氧化碳当量（综合能源消费量约1万吨标准煤）及以上的发电、石化、化工、建材、钢铁、有色金属、造纸、民航行业的企业或其他经济组织，以及符合上述年度排放量要求的自备电厂（不限行业），需要报送2021年度温室气体排放报告并接受省级生态环境主管部门组织开展的核查。

3. 行业代码 企业行业代码与实际生产活动不一致，应以企业实际生产活动还是以行业代码作为判断企业所属行业的依据？

答： 如果企业实际生产的产品在生态环境部最新发布的《数据报送通知》

所指明的工作范围内，应以企业实际生产活动作为判断企业所属行业的依据，按照所适用的行业核算报告指南及《数据报送通知》的相关要求，开展温室气体排放报告和核查工作。

4. 报告主体名称 自备电厂是以电厂名称还是以集团公司名称作为报告主体?

答：如果自备电厂本身有独立法人资质或视同法人单位资质，则以自备电厂名称作为报告主体，否则由自备电厂所属最低一级企业法人作为报告主体。

5. 报告方式 企业是使用相应的系统还是使用电子表格的方式上报相关数据?

答：企业按照生态环境部最新发布的《数据报送通知》要求，通过环境信息平台报送相关数据。

6. 热电站 非发电行业企业配套的热电站按哪个核算报告指南核算报告温室气体排放数据?

答：非发电行业企业配套的热电站作为重点排放单位纳入全国碳市场配额管理的，应按《企业温室气体排放核算方法与报告指南　发电设施》或修订版本核算报告温室气体排放数据和生产数据。

7. 关停企业 已关闭停产企业是否要报送名单和相关材料?

答：根据《碳排放权交易管理办法（试行）》（生态环境部令第 19 号）第十一条的规定，因停业、关闭或者其他原因不再从事生产经营活动，因而不再排放温室气体的，省级生态环境主管部门可将其从重点排放单位名录中移出，移出后不参加报告核查工作。在移出前，对已纳入全国碳市场配额管理的重点排放单位，其关停前所在履约年度及之前履约年度产生的二氧化碳排放，需按照国家和省级生态环境主管部门要求报送相关材料，并完成履约。

8. 非独立法人 某集团公司下属有多个独立法人子公司和一家非独立法人子公司，该集团的企业法人边界是否仅指这家非独立法人的子公司？

答： 应以最低一级独立法人或视同法人的独立核算单位作为报告主体，作为独立法人的子公司需要分别参加温室气体排放报告核查工作，集团公司的报告范围限于集团直属的生产设施 / 单元。如果这家非独立法人子公司为视同法人的独立核算单位，也需要单独作为报告主体参加碳排放报告核查工作，否则应随集团总部报告。

9. 集团下属单位 某二级单位公司下属共 11 个三级单位，其中 4 个分厂综合能耗在 1 万 t 以上，原油加工量为 2 000 万 t/a，但此二级单位和 4 个分厂既不是独立法人，也不是独立核算单位，请问此单位报告主体应该是上级集团公司还是二级公司？或者是下属各单位？

答： 以最低一级独立法人或独立核算单位作为报告主体，在注册地省份外存在的非独立法人的排放设施，建议也尽量作为视同法人的独立核算单位向实际所在地省级生态环境主管部门报告排放情况。确实不能独立报告的随上级法人企业向注册地省份报告。

10. 集团与分公司 集团性质的企业，是由省级的集团总公司汇总上报还是由各级地市（县）分公司分别上报？

答： 各级地市（县）分公司中，独立法人企业和视同法人的独立核算单位应单独上报，其余分公司由上一级独立法人企业或视同法人的独立核算单位报告。

11. 集团与子公司 集团与子公司在同一个工业园区内，按照所适用的行业核算报告指南，子公司应单独核算报告，但子公司所需的燃料及原材料均由集团购买、提供，财务结算集团与子公司有往来，如何处理？

答：子公司通常是独立的法人单位或独立的核算单位，需要单独作为报告主体参加碳排放报告核查工作，集团公司购买燃料转供给子公司应留存转供凭证，计算各自企业法人边界内燃料及原材料消耗的活动数据。

12. 独立核算单位 行业核算报告指南提到“报告主体应以独立法人企业或者视同法人的独立核算单位为边界，核算和报告其生产系统产生的温室气体排放”，请问“独立核算单位”指什么？

答：对法人单位下属跨省的分支机构，在符合以下条件的情况下，经与分支机构上级法人单位协商一致，并经国家统计局认可，可视同法人单位处理：

（1）在当地工商行政管理机关领取《营业执照》，并有独立经营场所；

（2）以该分支机构的名义独立开展生产经营活动一年或一年以上；

（3）该分支机构的生产经营活动依法向当地纳税；

（4）具有包括资产负债表在内的账户，或者能够根据统计调查的需要提供财务资料。

13. 非注册地排放设施 若企业在注册地省份外还存在非独立法人的排放设施，此部分设施的排放是向注册地省级生态环境主管部门报告，还是向实际所在地省级生态环境主管部门报告？

答：在注册地省份外存在非独立法人的排放设施，建议尽量作为视同法人的独立核算单位向实际所在地省级生态环境主管部门报告排放情况。确实不能独立报告的随上级法人企业向注册地省级生态环境主管部门报告。

14. 公务车 工业企业公务车汽油消耗等厂区外的移动源化石燃料燃烧是否纳入企业法人边界？如公务车的汽油消耗及运输原材料或产品的卡车的柴油消耗。

答：工业企业公务车以及原材料或产品运输产生的排放是否纳入企业法人边界，首先应看所适用的行业核算报告指南是否有相应规定，如无明确规定则建议根据运营控制权及能源的支付方式等因素来判断。原则上企业法人边界的排放量核算和报告范围应覆盖运营上受其控制的所有生产设施产生的温室气体排放。

15. 厂区内生活设施 厂区内生活设施所产生的排放是否纳入企业法人边界的排放量核算范围？

答：厂区内为生产服务的部门和单位（职工食堂、车间浴室、保健站）应包括在企业法人边界内，否则不纳入核算范围。

16. 法人间共用设施设备 同一物理边界内分为一期和二期，两期各为独立法人，但是共用公用设施设备，无法区分每期碳排放数据，是否可以按照一个公司报告？

答：既然是两个独立法人就不能按照一个公司报告，共用的公用设施设备可以采用合理分摊的方式分摊相关的排放量。

17. 租赁与外委 如果一项生产活动既可以认为是企业租赁进来的设备（纳入报告范围），也可以认为是外委出去的生产活动（不纳入报告范围），那么判断其对应的排放是否纳入该企业的依据是什么？例 1，某家油气生产企业 A，其部分石油产品由另一家服务企业 B 提供的处理设施进行处理，该处理设施的能耗是按照“租赁进来”纳入油气企业 A 的碳排放报告范围，还是按照“外委出去”纳入服务企业 B 的碳排放报告范围？例 2，某家钢铁企业 C 租赁了某家运输公司 D 的汽车，汽车的产权属于运输公司 D 且由运输公司 D 的员工驾驶，但是汽车消耗的汽油由钢铁企业 C 购买并提供给运输公司 D 使用，那么汽车消耗的汽油所对应的碳排放量应该计算在哪个公司的报告范围内？判断依据是什么？

答：判断租赁或外委的生产活动的排放应纳入哪个企业报告范围，首先应看所适用的行业核算报告指南是否有相应规定，如无明确规定则建议根据运营控制权及能源或材料的支付方式等因素来判断。原则上企业应核算和报告在运营上受其控制的所有生产设施产生的温室气体排放。特殊情况下，因合同签订等原因造成运营控制方与能源支付、统计方不一致的情况，还需考虑能源的支付和统计方式。即：（1）如果企业 A 具有某项生产活动设备的运营控制权，且该生产活动使用的能源由企业 A 支付并计入其统计系统，则该生产活动的排放纳入企业 A 的报告范围。（2）如果企业 A 具有某项生产活动设备的运营控制权，但该生产活动使用的能源由另一企业 B 支付并计入企业 B 的统计系统，则该生产活动的排放纳入企业 B 的报告范围。例 1 中，需根据该石油产品处理设施的运营控制权属于哪家企业来决定。例 2 中，如果汽车消耗的能源由钢铁企业 C 支付并计入钢铁企业 C 的统计体系，则对应的排放纳入钢铁企业 C 的报告范围。

18. 合同能源管理；余热发电 一家企业通过合同能源管理的方式，向第三方提供烟气，由第三方进行余热发电，企业再从第三方购买部分余热电量使用。请问对企业法人边界的排放量核算，净购入热力和净购入电力应该如何处理？另鉴于烟气流量及其焓值难以监测，若无法计算供出的热量，为保持碳排放总量的平衡，从第三方买入的余热电量是否也相应地不纳入计算？

答：这种情况下净购入热力和净购入电力的核算需要考虑合同能源管理的具体商业模式，且在合同能源管理的合同期内和期外，合同能源管理涉及设备的所有权不同。若余热发电装置的所有权属于当事企业，建议把余热电站算作企业自己运行的余热电站，包含在企业法人边界内；若余热发电装置的所有权确属于其他法人实体，那么，余热发电装置不在企业法人边界内，那么净购入热力需要包括外供给余热发电装置的烟气热量（即负的净购入热力），而净购入电力应该是电网购入电力加上从余热发电装置买入的余热电。若烟气输出的热量无法直接计算，可根据余热锅炉总产出热量及锅炉效率保守推算或按 0 处理，但从余热装置购入的电仍需要纳入计算。

19. 补充数据表 发电行业以外的其他行业企业已按所适用的行业核算报告指南编制了企业温室气体排放报告及附录中的表单，为什么还要填报补充数据表？

答：要求其他行业企业填报补充数据表是为了收集企业配额管控范围内的碳排放数据及与配额分配相关的生产数据，从而为配额分配和清缴履约提供数据支撑。

20. 补充数据表边界 某非发电企业存在导热油炉、空压机等为车间提供间接能源的设备，其消耗的电、煤或者天然气是否纳入补充数据表？

答：石化、化工、建材、钢铁、有色金属、造纸、民航每个行业的补充数据表边界要求不一样，请按照最新发布的各行业相关产品生产活动补充数据表的核算报告要求填写。

21. 数据质量控制计划 重点排放单位在什么情况下应修订数据质量控制计划？

答：参考《企业温室气体排放报告核查指南（试行）》《企业温室气体排放核算方法与报告指南 发电设施》或修订版本，重点排放单位在以下任何一种情况发生后应及时对数据质量控制计划进行修订，修订内容应符合实际情况并满足相关行业核算报告指南的要求：

（1）排放设施发生变化或使用新燃料、物料产生了新的排放。

（2）采用新的测量仪器和方法，提高了数据的准确度。

（3）发现之前采用的测量方法所产生的数据不正确。

（4）发现修订数据质量控制计划可提高报告数据的准确度。

（5）发现原数据质量控制计划不符合相关行业核算报告指南的要求。

（6）生态环境部明确的其他需要修订的情况。

22. 数据源选取 企业在计量体系或统计方式发生变化导致的数据来源在时间序列上不一致的情况如何处理？如企业无实际消耗量数据，2019—2020 年度仅保存了过磅单数据，无结算发票，而 2021—2022 年度只有发票，这类情况如何处理？

答：重点排放单位应按数据质量控制计划（监测计划）对数据进行监测，

数据质量控制计划中数据选择方式应符合行业核算报告指南的要求。相关行业核算报告指南明确了数据选取优先序的，应按照优先序选取，并确保在之后各个核算年度的获取优先序不应降低。发生数据缺失时，重点排放单位应按照数据质量控制计划中明确的数据缺失处理预案进行处理，并确保符合保守性原则（即不会低估履约年度的排放量或高估免费发放配额）。

23. 数据拆分 部分企业的二级计量器具连接着不同工序的设备，导致二级计量器具读取数据需要适当拆分才能用于发电设施或补充数据表的填报，请问如何进行合理拆分?

答：建议企业及时更新、完善数据质量控制计划，加装二级或三级计量器具以便准确监测、核算相关排放数据。在这之前，基于可得的二级计量器具读取数据，如果现有的数据质量控制计划已在数据获取方式及数据缺失时的处理方式中明确了数据拆分方法，建议遵照执行；如果没有，建议在确保符合保守性原则（即不会低估履约年度的排放量或高估免费发放配额量）的前提下，根据具体问题具体选择和论证某种合理拆分方法。

24. 计量器具 部分企业计量器具不完善，蒸汽和电力表并没有达到设备的二级计量，且企业对计量器具的校核也并不规范，有的计量设备甚至几年也没有校核，这样的计量器具计量所得数据是否应该采纳?如不采纳，如何处理?

答：报告主体应按照适用的行业核算报告指南、计量法规和标准的要求加强计量器具的配备、校准和维护管理。如果计量器具的校核不规范，应尽量选择能准确反映蒸汽和电力活动水平的相关证据，并根据其他计量数据和凭证等进行交叉校核；如无其他证据，可参考设备的规定准确度及计量数据进行保守处理，并在排放报告和核查报告中说明情况，包括对数据质量控制计划提出改进建议。

25. 检测频次 若企业某排放因子数据的检测值与缺省值相差较大，但其数据检测频次未达到行业核算报告指南的要求，在原材料来源比较固定的情况下，能否采用检测值作为数据来源?

答：不可以。排放因子数据的检测频次如果未达到所适用的行业核算报告指南规定的要求，建议不予采纳，使用行业核算报告指南规定的缺省值更合规。

26. 数据缺失 当碳排放数据参数监测的计量仪表发生故障，或因为客观或人为误操作导致相应参数无法计量时，应如何处理?

答：企业在编制数据质量控制计划时，应明确各参数监测在数据缺失时的处理预案，一旦数据缺失，则启动该处理预案来获取参数的监测数据，并确保符合保守性原则（即不会低估履约年度的排放量或高估免费发放配额）。如果应用数据缺失导致处理预案仍不能获得相关数据的，在所适用的行业核算报告指南规定了相应参数缺省值的情况下，则可采用核算报告指南规定的参数缺省值。

27. 干重；湿重 化石能源消耗量是按照干重还是湿重计算?

答：按照实际燃煤消耗量或者收到基燃煤消耗量计算，并能保证该消耗量可核查；同时注意燃料消耗量、低位发热量、单位热值含碳量或元素碳含量的取值状态应保持一致。

28. 生物质燃料 木质燃料（木渣、木屑）以及其他生物质燃料燃烧是否算入排放核算中?

答：除航空飞行活动要求报告可持续航空燃料的消耗量和减排量数据外，

其他行业企业不要求报告生物质燃料燃烧的排放数据。

29. 乙炔；丙烷作燃料 较大规模的企业机修中，乙炔、丙烷气体用量较大，所适用的行业核算报告指南没有明确是否纳入排放量计算范围，也没有给出排放因子缺省值，请问是否需要纳入排放量计算?

答：企业应按照化石燃料燃烧排放纳入计算，乙炔、丙烷可根据它们的化学分子式及碳原子数目计算含碳量，气体燃料的碳氧化率建议取 99%。

30. 煤种确定 企业在采购燃料时仅将采购的煤种记为“块煤”“沫煤”等，没有相关数据，无法根据挥发分等指标区分煤种。请问：（1）在企业仅能提供大致热值时，如何确定煤种?（2）在企业无法提供热值时，如何确定煤种?（3）是否可以在缺乏相关指标的情况下，统一使用烟煤的参数计算排放量?

答：出现情况（1）和情况（2）的企业应按照《中国煤炭分类》（GB 5751）的规定确认煤种；（3）不能，在缺乏相关指标的情况下，可参考针对发电行业重点排放单位碳排放相关参数取值规定进行取值。例如，根据《关于高效统筹疫情防控和经济社会发展　调整 2022 年企业温室气体排放报告管理相关重点工作任务的通知》（环办气候函〔2022〕229 号），煤炭单位热值含碳量可不分煤种取 0.030 85 tC/GJ。燃煤低位发热量可依序按入炉煤、入厂煤或供应商煤质检测实测结果取值，无实测的可不分煤种取 26.7 GJ/t。

31. 含碳量 怎样确定不常见燃料品种的含碳量?

答：对不常见的燃料品种，建议企业完善数据质量控制计划并尽可能开展元素碳含量实测，例如，对气体燃料可参考《人工煤气和液化石油气常量组分气相色谱分析法》（GB/T 10410）、《人工煤气组分与杂质含量测定方法》（GB/T 12208）或《天然气的组成分析 气相色谱法》（GB/T 13610）测定气体组分，然后根据每种气体组分的体积浓度及该组分化学分子式中碳原子的数目计算含碳量。对暂不能实测元素碳含量的，如果现行有效的行业核算报告指南中有缺省值或计算方法可供参考，可以参照执行，例如，《其他有色金属冶炼和压延加工业企业温室气体排放核算方法与报告指南（试行）》提供了兰炭作为原材料用途的二氧化碳排放因子、《电解铝生产企业温室气体排放核算方法与报告指南（试行）》提供了炭阳极（电极糊）消耗的二氧化碳排放因子计算方法；对行业核算报告指南未提及的，建议在确保符合保守性原则（即不会低估履约年度的排放量或高估免费发放配额量）的前提下，根据具体燃料品种选择和论证某种合理的取值方法。

32. 燃料碳氧化率 请问化石燃料燃烧的碳氧化率如何取值？是否必须实测？

答：鉴于按照碳平衡原理准确测得燃烧设备有代表性的碳氧化率需要较高的技术条件，并且燃料的碳氧化率相对稳定，因此现行有效的各行业核算报告指南均不要求企业实测碳氧化率，而是分燃料品种给出了各种化石燃料燃烧的碳氧化率缺省值，供未开展碳氧化率实测的企业参考使用；对于行业核算报告指南未提及的不常见燃料品种，碳氧化率未实测的话，建议按固体燃料碳氧化率98%～99%、液体燃料碳氧化率 98%、气体燃料碳氧化率 99% 取值。

33. 煤矸石 煤矸石的单位热值含碳量取多少合适？

答：发电行业重点排放单位可按照《企业温室气体排放核算方法与报告指南 发电设施》或修订版本中规定的方法标准和频次进行检测，未实测月份燃煤单位热值含碳量可根据《关于高效统筹疫情防控和经济社会发展 调整 2022 年企业温室气体排放报告管理相关重点工作任务的通知》（环办气候函〔2022〕229号）中关于发电行业重点排放单位2021年、2022年碳排放相关参数的取值规定进行取值；其他行业按照所适用的行业核算报告指南进行取值，指南未作规定的可参考针对发电行业重点排放单位碳排放相关参数取值规定进行取值。例如，按照环办气候函〔2022〕229号文，对元素碳含量年度实测月份为3个月及以上的重点排放单位，未实测月份燃煤元素碳含量可使用当年已实测月份数据的算术平均值；如果元素碳含量年度实测月份不足3个月的，未实测月份燃煤单位热值含碳量不分煤种取0.030 85 tC/GJ。

34. 汽；柴油密度 部分企业对汽、柴油消费统计单位为升，需乘以燃油密度以得到消费的重量值，不同的资料给出汽、柴油的密度不同，如何解决？

答： 考虑与能源统计报表制度的一致性，汽、柴油等油品消费量均以质量为计量单位。企业若以体积为计量单位需根据油品密度换算成质量单位，建议优先采用企业实测的密度数据或供应商提供的密度数据，上述数据如不可得，则根据当年能源统计报表制度中规定的汽、柴油密度进行折算。

35. 燃料低位发热量 某企业在过去几年的温室气体排放报告中，化石燃料燃烧都使用了缺省的燃料低位发热量，在改善监测条件后，企业已能实际检测燃料低位发热量且满足指南的相关要求。请问今年的报告是继续使用低位发热量缺省值，还是使用实际检测的低位发热量值？

答： 企业如有符合规定的检测值，并能保证在后续年份中有稳定数据来源，应从今以后开始使用检测值，并及时修订数据质量控制计划。

36. 重油热值 企业使用重油作为燃料，重油热值及单位热值含碳量是参照燃料油还是焦油取值？

答： 建议企业的重油热值及单位热值含碳量取值参考燃料油的相关数值。

37. 净购入电量 非发电企业的屋顶光伏电站的发电量部分自用、部分上网，计算净购入电力排放时如何处理？

答： 对于非发电企业，在计算企业净购入电力排放量时，净购入电力消费量等于购入电量与外供电量的净差。

38. 电力排放因子 电力市场化后，对于排放单位已和水电站等可再生能源发电站签署直购电合同的情况，在计算排放量时，是否仍采用行业核算报告指南规定的电网排放因子？

答： 对发电行业重点排放单位购入电力排放核算，请按照《企业温室气体排放核算方法与报告指南　发电设施》或修订版本相关规定使用相应的电网排放因子。对其他行业企业法人边界排放量核算，外购电力的排放因子不论来源，按照所适用的行业核算报告指南相关规定使用相应的电网排放因子；对补充数据表边界排放量核算，按照各行业补充数据表的要求取值。

39. 区域电网平均排放因子；区域电网基准线排放因子 区域电网平均 CO_2 排放因子与区域电网基准线排放因子（OM、BM、CM）的区别与联系？

答： 根据各行业的核算报告指南及其补充数据表，计算企业法人边界净购入

电力的 CO_2 排放以及补充数据表边界消费电力的 CO_2 排放，采用的是区域电网或全国电网的平均 CO_2 排放因子。而区域电网基准线排放因子是针对清洁发展机制项目或国家温室气体自愿减排项目对所在电网在役机组的发电调度以及未来新增装机的建设产生边际影响而设计计算的，其中 OM 为电量边际排放因子、BM 为容量边际排放因子、CM 为这两个排放因子组合加权后的排放因子。区域电网平均 CO_2 排放因子与区域电网基准线排放因子的概念和计算方法完全不同，请勿混淆使用。

40. 自备电厂企业 按要求，如果企业有自备电厂，那么自备电厂应单独按电力行业报送，但该企业电力消耗来自自备电厂，而不是电网电量。在这种情况下，该企业外购电力这部分，应该如何计算？电力消耗是乘以电网平均排放因子还是无须计算，外购电力直接为 0？

答： 在企业法人边界的排放量核算报告中，净外购电力是指企业法人边界与外部进行的电力交换，净外购电量等于外购电量减去外供电量，电力排放因子为区域电网平均排放因子；在补充数据表排放量计算过程中，电力消费量为补充数据表边界实际消耗的电量，即使企业的全部电量均来自自备电厂，也应使用全国电网平均排放因子。

41. 供热量 某企业（非热力企业）存在外供蒸汽，外供蒸汽量与对方的结算有两种方式，有的月份是通过蒸汽流量表读数计算外供蒸汽量，有的月份是根据对方产品产量按一定系数折算成外供蒸汽量，两种统计口径混合在一起，这种情况如何核定企业的外供蒸汽量？

答： 重点排放单位应使用能真实反映供热量的实际数据，并交叉验证两种数据获取方式的准确性。相关行业核算报告指南明确了数据选取优先序的，应按照优先序选取，并确保在之后各个核算年度的获取优先序不应降低，保持处理方式一致，并在数据质量控制计划和排放报告中明确说明。

42. 热功当量 生产月报和生产日报中计算低位发热量用的热功当量系数是 4.181 6，填报的时候如果把热值改为用 4.186 8 来算，到时候与月报和日报不一致，可以吗？

答： 企业如果原始分析台账中低位发热量实测值已经折算为 GJ 单位的，应确保在平台上传的测试原始凭证与报告数据一致，此时无须变更；如果企业原始分析台账中数据单位为 kcal，需要进一步换算的，需要确定量热仪内部程序设定的 kJ/kcal 转换系数，换算时应和内部转换系数保持一致。量热仪没有内置热功当量换算系数的，则取 4.186 8 kJ/kcal。

43. 线损；热损 鉴于补充数据表是分产品生产线或生产车间进行填报的，企业会在各个车间安装独立的计量表，电力和热力从电网或供汽公司输送到企业时会有一定线损，当用量较大时，线损就比较大，请问当计算补充数据电力消费以及热力消费的 CO_2 排放量时，是否要把这部分线损分摊进去？

答： 发电行业以外的其他行业补充数据表中的电力消费量及热力消费量指的是补充数据表界定的设施边界实际消耗的电量和热量，不需要将供电 / 供热公司输送到企业的线损 / 热损分摊进来。

44. 负的净购入量 例如，企业不外购蒸汽，但是有往外供蒸汽的情况，那么净购入电力（净购入热力）是否允许出现负值？

答： 对不是发电或热电联产的企业，按照它们所适用的行业核算报告指南，净购入电力（净购入热力）等于企业法人边界外购电量（热量）减去外供电量（热量），可以取负值。

45.（热力排放因子）若企业的外购蒸汽是生物质燃料产生的，是否可不计入总排放量或区别对待？

答：对发电行业以外的其他行业企业，在计算企业法人边界排放量时，不用区分外购热量来源，供热排放因子采用主管部门规定的数值，主管部门无规定则暂取 0.11 t CO_2/GJ；在计算补充数据表边界排放量时，需要按照补充数据表的规定区分供热热源并分别采用相应热源的热力排放因子。

46.（碳酸盐纯度）在计算钢铁、化工、平板玻璃等企业温室气体排放量时，碳酸盐消耗量是否要考虑碳酸盐纯度？

答：如果企业有真实、完整、准确的碳酸盐纯度，则需要考虑；如果没有，碳酸盐纯度则按 100% 处理。

47.（外售 CO_2）化工生产企业外售二氧化碳产品（如食品级 CO_2）能否从总排放量中扣减？

答：需要依据相关行业核算报告指南或温室气体排放报告补充数据表的具体规定来判断是否可以扣减外售二氧化碳。按照《中国化工生产企业温室气体排放核算方法与报告指南（试行）》的规定，外售的二氧化碳量（来源于化石燃料燃烧或工业生产过程排放源）可以从企业法人边界的总排放量中扣减，来源于生物发酵法或者空气压缩制取的二氧化碳既不纳入排放量计算范围也不纳入外售的二氧化碳量扣减范围；按照当前适用的化工生产企业（合成氨生产或甲醇生产）补充数据表，外售的二氧化碳暂不从补充数据表边界的总排放量中扣减而是在

"二氧化碳回收利用数据"信息项下报告。

48. 污水处理排放 较大企业的污水处理厂的甲烷排放是否也要纳入排放量计算?

答: 企业应根据所适用的行业核算报告指南的规定决定是否纳入排放量计算。

49. GWP 值 根据 IPCC 最新的气候变化评估报告，CH_4、N_2O 等的 GWP 值都已更新，按照所适用的行业核算报告指南进行碳排放核算时，此类参数引用 IPCC 报告最新值还是引用核算报告指南中的数值?

答: 发电行业重点排放单位按照《企业温室气体排放核算方法与报告指南　发电设施》或修订版本的要求，暂只需要核算报告二氧化碳排放；对发电行业以外的其他行业企业，如要求核算报告 CH_4、N_2O 等非二氧化碳气体的排放量，建议采用所对应的行业核算报告指南或国家应对气候变化主管部门最新发布的补充数据表中规定的 GWP 值。

50. 小数位数保留 核查报告中对重点排放单位各类排放源的排放量保留几位小数? 对重点排放单位排放总量保留几位小数?

答: 发电行业重点排放单位应按照《企业温室气体排放核算方法与报告指南　发电设施》或修订版本的要求，各类排放源温室气体排放量以 tCO_2e 计时，按四舍五入保留到小数点后两位；总排放量以 tCO_2e 计时，按四舍五入取整。建议其他行业企业参照执行。

二、发电行业 MRV 相关问题

51. 发电集团 央企或国企大型发电集团已掌握所属发电企业信息，是否仍需要向省级生态环境主管部门报送名单和相关材料？能否按央企、国企集团报送？

答：央企或国企大型发电集团所属发电企业应遵从属地管理原则，向属地省级生态环境主管部门报送名单和相关材料。

52. 企业地址 发电企业注册地址和生产经营地址不一致，所在区县一栏如何填写？

答：发电企业（含自备电厂）按照当年适用的《企业温室气体排放核算方法与报告指南　发电设施》或修订版本的要求填报注册地址和生产经营场所地址。

53. 核算报告范围 发电企业的温室气体核算和报告范围包括哪些？

答：按照当年适用的《企业温室气体排放核算方法与报告指南　发电设施》或修订版本要求，发电企业的温室气体核算和报告范围包括化石燃料燃烧产生的二氧化碳排放、购入使用电力产生的二氧化碳排放。

54. 2022 年度排放报告适用指南 请问发电行业重点排放单位 2022 年度碳排放报告应适用哪个指南进行编制？

答：2022 年 1—3 月，企业仍适用《企业温室气体排放核算方法与报告指南　发电设施》，4 月及以后应适用《企业温室气体排放核算方法与报告指南发电设施（2022 年修订版）》。

55. 光伏电站 光热、光伏发电站是否需要上报碳排放情况？

答：按照生态环境部最近发布的《关于做好 2022 年企业温室气体排放报告管理相关重点工作的通知》（环办气候函〔2022〕111 号）要求，发电行业重点排放单位需要填报的发电设施只包括火力发电机组（行业代码 4411）、热电联产机组（行业代码 4412）和生物质能发电机组（行业代码 4417）。

56. 抽水蓄能 抽水蓄能企业一般夜间从电网购电抽水蓄能，白天通过水电机组发电。在计算二氧化碳排放量时，是否应只考虑其购电部分的排放量而无须扣减其发电量？

答：水力发电机组不属于全国碳市场配额管控纳入范围。

57. 生物质发电；报送 生物质发电企业是否要报送名单和相关材料？

答：符合生态环境部重点排放单位纳入条件的掺烧化石燃料燃烧的生物质发电企业需报送名单和相关材料，单纯使用生物质发电的企业无须报送名单和相关材料。

58. 自备电厂；行业代码 自备电厂行业代码如何填写？如何报送名单和材料？

答：自备电厂为法人或视同法人独立核算单位的按其所属行业代码填写，并独立报送名单和材料；自备电厂若是非独立核算单位需要按其法人所属行业代码填写，以其所属法人报送名单和材料。

59. 自备电厂；报送 自备电厂是否单独出具排放报告、核查报告？

答： 符合《碳排放权交易管理办法（试行）》（生态环境部令第 19 号）和年度数据报送通知的要求纳入全国碳市场的发电行业重点排放单位（含自备电厂），按照当年适用的《企业温室气体排放核算方法与报告指南　发电设施》或修订版本要求填报。

60. IGCC 机组 IGCC 机组如何定义？

答： IGCC（Integrated Gasification Combined Cycle，整体煤气化联合循环发电系统）是将煤气化技术和高效的联合循环相结合的先进动力系统。它由两大部分组成，即煤的气化与净化部分和燃气—蒸汽联合循环发电部分。

61. 脱硫装置 热电联产企业，其脱硫装置完全由另一家独立法人单位投资运行管理，不在热电联产法人边界范围内，这种情况脱硫部分产生的碳排放是否算到热电联产企业的排放报告中？

答： 按照《企业温室气体排放核算方法与报告指南　发电设施（2022 年修订版）》，企业发电设施的温室气体核算和报告范围不包括脱硫过程排放，但应包括脱硫脱硝等装置使用化石燃料加热烟气的二氧化碳排放。

62. 脱硫；废碱 发电企业没有使用碳酸盐脱硫，是将废碱作为脱硫剂，是否计算脱硫产生的碳排放？

答： 按照当年适用的《企业温室气体排放核算方法与报告指南　发电设施》

或修订版本要求，企业发电设施核算范围不包括脱硫排放。

63. 脱硫；碳酸盐含量 发电行业企业用《石灰石、白云石化学分析方法 氧化钙量和氧化镁量的测定》（GB/T 3286）中的方法自测了脱硫剂碳酸盐含量，请问脱硫剂碳酸盐含量应该取企业自测值还是取《企业温室气体排放核算方法与报告指南 发电设施》或修订版本中的缺省值？

答： 按照当年适用的《企业温室气体排放核算方法与报告指南 发电设施》或修订版本要求，企业发电设施核算范围不包括脱硫排放。

64. 自备电厂；边界 带热电联产自备电厂的合成氨生产企业，锅炉的边界是否核算到合成氨边界里？计算自备电厂发电设施的化石燃料燃烧二氧化碳排放量时，自备电厂的烟煤消耗是填写全厂的烟煤消耗还是锅炉的燃料消耗或是发电机组的烟煤消耗？

答： 对于企业法人边界核算，应将自备电厂排放纳入边界。对于补充数据表边界，应按发电设施、合成氨各自的核算边界分别进行核算。纳入发电行业重点排放单位的自备电厂按照当年适用的《企业温室气体排放核算方法与报告指南 发电设施》或修订版本要求边界确定化石燃料消耗量。

65. 外送电 纳入核查的排放企业法人名下包含一个大型水电站，由于水电外送，企业净购入电为负值，导致整个企业的排放亦为负值，这种情况下整个企业上报的排放量如何考虑？

答： 按照生态环境部最近发布的《关于做好 2022 年企业温室气体排放报告管理相关重点工作的通知》（环办气候函〔2022〕111 号），发电行业重点排放单位应按发电设施分别核算报告温室气体排放数据和相关生产数据，且发电设施只包括火力发电机组（行业代码 4411）、热电联产机组（行业代码 4412）和生物质能发电机组（行业代码 4417）。

66. 自备电厂外供电量 自备电厂外供电量是否要扣减外购电量？

答：自备电厂发电机组外供电量的核算应参考《企业温室气体排放核算方法与报告指南　发电设施》或修订版本，不扣减外购电量。

67. 食堂班车 根据《企业温室气体排放核算方法与报告指南　发电设施》要求只需核算生产设施排放量，那么食堂、班车等是否需要计算？

答：按照当年适用的《企业温室气体排放核算方法与报告指南　发电设施》或修订版本要求，企业发电设施的温室气体核算和报告范围不包括食堂、班车等附属生产设施排放。

68. 拉煤货车；热泵房外购电 （1）发电厂在外面拉煤的火车（内燃机车）消耗的柴油是否计入企业排放量，在核算边界内吗？如不计入，核查报告中是否需要说明？（2）热电厂用于供热居民区的热泵房泵站（归热电厂所有）的外购电是否计入企业排放量，在核算边界内吗？如不计入，核查报告中是否需要说明？

答：按照当年适用的《企业温室气体排放核算方法与报告指南　发电设施》或修订版本要求，重点排放单位发电设施的温室气体核算和报告范围不包括火车消耗柴油和热泵房泵站外购电。

69. 化石燃料燃烧排放 机组的化石燃料燃烧排放包括哪些？

答： 根据当年适用的《企业温室气体排放核算方法与报告指南 发电设施》或修订版本要求，化石燃料燃烧产生的二氧化碳排放一般包括发电锅炉（含启动锅炉）、燃气轮机等主要生产系统消耗的化石燃料燃烧产生的二氧化碳排放，以及脱硫脱硝等装置使用化石燃料加热烟气的二氧化碳排放，不包括应急柴油发电机组、移动源、食堂等其他设施消耗化石燃料产生的二氧化碳排放。对于掺烧化石燃料的生物质发电机组、垃圾（含污泥）焚烧发电机组等产生的二氧化碳排放，仅统计燃料中化石燃料的二氧化碳排放。

70. 消耗统计；非生产 电厂化石燃料消耗量统计要求是否包括非生产消耗量？

答： 化石燃料消耗量应根据重点排放单位用于生产所消耗的能源实际测量值来确定，能源消耗统计应符合《常规燃煤发电机组单位产品能源消耗限额》（GB 21258）和《火力发电厂技术经济指标计算方法》（DL/T 904）的有关要求，不包括非生产使用的、基建和技改等项目建设的、副产品综合利用使用的消耗量。

71. 大修；烘炉 针对大修后的烘炉燃料消耗如何处理，是否算作化石燃料消耗排放？

答： 化石燃料消耗量应根据重点排放单位用于生产所消耗的能源实际测量值来确定，能源消耗统计应符合《常规燃煤发电机组单位产品能源消耗限额》（GB 21258）和《火力发电厂技术经济指标计算方法》（DL/T 904）的有关要求，不包括非生产使用的、基建和技改等项目建设的、副产品综合利用使用的消耗量。根据《火力发电厂技术经济指标计算方法》（DL/T 904）中 9.4.1 的要求，下列非生产用标准煤量应扣除：

（1）新设备或大修后设备的烘炉、暖机、空载运行的燃料；

（2）新设备在未移交生产前的带负荷试运行期间耗用的燃料；

（3）计划大修以及基建、技改工程施工用的燃料；

（4）发电机做调相运行时耗用的燃料；

（5）厂外运输用自备机车、船舶等耗用的燃料；

（6）非生产用燃料。

因此，大修后的烘炉燃料可不计算化石燃料消耗排放。

72. 炭材 （1）作为电石企业的自备电厂，现有炭材经烘干后出于环保考虑入炉燃烧，是否计算排放量？（2）企业每日对炭材实测消耗量和发热量，是否需要实测含碳量？

答：（1）炭材主要为兰炭和焦炭，均属于化石燃料，企业应计算其燃烧排放量。（2）如果炭材和其他燃煤分别计量和实测，企业则需要对炭材含碳量进行实测；如果是将炭材和其他燃煤进行配煤后取样实测含碳量，则实测结果已包括各燃料类型，无须再对炭材含碳量进行实测。

73. 掺烧 对于化石燃料掺烧生物质（含污泥）发电的，企业是否仅需统计燃料中化石燃料的二氧化碳排放？

答：对于化石燃料掺烧生物质（含污泥）发电的，企业仅统计燃料中化石燃料的二氧化碳排放，并应计算掺烧化石燃料热量年均占比。对于燃烧生物质锅炉与化石燃料锅炉产生蒸汽母管制合并填报的，在无法拆分时可按掺烧处理，统计燃料中全部化石燃料的二氧化碳排放，并应计算掺烧化石燃料热量年均占比。

74. 驰放气 某发电公司 A 利用另一家公司 B 液化天然气（LNG）生产过程中产生的驰放气掺烧发电。根据公司 B 提供的《驰放气分析报表》，驰放气低位热值为 10 791 kJ/km^3，但《企业温室气体排放核算方法与报告指南 发电设施》中无驰放气单位热值含碳量、燃烧碳氧化率的缺省值，公司 A 在初始排放报告编写过程中，参考焦炉煤气单位热值含碳量 13.58 tC/TJ、燃烧碳氧化率 99.0% 计算驰放气燃烧排放。但核查技术工作组认为，公司 A 所使用的驰放气与焦炉煤气在气体成分上不同，不能简单参照焦炉煤气的单位热值含碳量。请问驰放气燃烧排放量应如何计算？是否可以参照焦炉煤气的单位热值与燃烧碳氧化率？

答：燃气含碳量的测定应遵循《天然气的组成分析 气相色谱法》（GB/T 13610）和《气体中一氧化碳、二氧化碳和碳氢化合物的测定 气相色谱法》（GB/T 8984）等相关标准，企业可根据每种气体组分的体积浓度及该组分化学分子式中碳原子的数目计算含碳量。

75. 应急柴油发电机组 发电厂应急柴油发电机组用油，需要算入发电机组温室气体的排放量中吗？如果算的话，柴油怎么分配（一般两台发电机组共用一台应急柴油发电机）？

答：按照当年适用的《企业温室气体排放核算方法与报告指南 发电设施》或修订版本要求，企业化石燃料燃烧产生的二氧化碳排放不包括应急柴油发电机组消耗化石燃料产生的排放。

76. 焦炉煤气；无计量 发电行业企业若部分燃料无计量数据（如焦炉煤气消耗量），在数据填报时能否进行理论估算？

答：按照当年适用的《企业温室气体排放核算方法与报告指南　发电设施》或修订版本要求，企业化石燃料消耗量应根据重点排放单位能源消耗实际测量值来确定，能源消耗统计应符合《常规燃煤发电机组单位产品能源消耗限额》（GB 21258）和《火力发电厂技术经济指标计算方法》（DL/T 904）的有关要求，按照以下优先级顺序选取，在之后各个核算年度的获取优先序不应降低：

（1）生产系统记录的计量数据；

（2）购销存台账中的消耗量数据；

（3）供应商结算凭证的购入量数据。

因此，对机组点火助燃等非主体燃料无入炉计量数据时，可根据每日或每批次入厂量及盘存数据估算消耗量；若上述数据也没有时，可简单按当期供应商结算凭证上的购入量数据估算消耗量。

77. 汽；柴油年消耗量 如果企业只能提供汽、柴油年消耗量，如何计算企业分月化石燃料燃烧排放量？

答：首先应确保企业边界范围内汽、柴油年度消耗量数据准确，若企业无法提供月度消耗量数据，应根据能源消耗、产品产量等生产情况合理分摊到月度，在排放报告中予以说明，并在数据质量控制计划中进行完善。

78. 入炉报表数据修正 燃煤火力发电企业入炉报表数据与实际数据若有细微差距，企业为总体平衡，对入炉报表数据进行了修正，是否能采纳？

答：按照当年适用的《企业温室气体排放核算方法与报告指南　发电设施》

或修订版本要求，企业化石燃料消耗量应根据重点排放单位能源消耗实际测量值来确定，燃煤消耗量应优先采用每日入炉煤测量数值，不具备入炉煤测量条件的，根据每日或每批次入厂煤盘存测量数值统计消耗量，并在排放报告中说明未采用入炉煤的原因。按照以下优先级顺序选取，在之后各个核算年度的获取优先序不应降低：

（1）生产系统记录的计量数据；

（2）购销存台账中的消耗量数据；

（3）供应商结算凭证的购入量数据。

因此，企业应直接采用以上报表的记录数据，不可以对数据进行手动修正并应用于排放计算。

79. 供应商检测值 某发电企业的化石燃料供应商提供了相关化石燃料的排放因子数据检测值，且检测频次满足《企业温室气体排放核算方法与报告指南　发电设施》要求，能否采纳？

答：检测频次、测定方法标准、委托测试机构资质等符合当年适用的《企业温室气体排放核算方法与报告指南　发电设施》或修订版本中要求的，企业可以采用供应商提供的检测值。

80. 燃煤低位发热量 某燃煤发电企业没有实测燃煤的基低位发热量，请问这种情况下燃煤的低位发热量该怎么取值？

答：按照当年适用的《企业温室气体排放核算方法与报告指南　发电设施》或修订版本要求，当企业某日或某批次燃煤收到基低位发热量无实测时，或测定方法均不符合指南中要求时，该日或该批次的燃煤收到基低位发热量应不区分煤种，取 26.7 GJ/t。

81. 低位发热量；检测标准 热电联产企业在燃煤低位热值的测量上采用《煤的工业分析方法》（GB/T 212）测定。因未按照指南采用《煤的发热量测定方法》（GB/T 213），不能用于计算碳排放，请问这种情况应如何取值？

答：这种情况企业应采用《煤的发热量测定方法》（GB/T 213）进行检测。按照当年适用的《企业温室气体排放核算方法与报告指南 发电设施》或修订版本要求，当企业某日或某批次燃煤收到基低位发热量无实测时，或测定方法均不符合指南中要求时，该日或该批次的燃煤收到基低位发热量应不区分煤种，取26.7 GJ/t。

82. 多台机组共用输煤皮带 某火力发电企业在实际生产过程中，1条输煤皮带供4台机组使用。取样是在输煤皮带进行，因为4台机组使用1个煤粉样本，所以4台机组的收到基元素碳含量的检测值相同，4台机组低位发热量的检测值也相同。请问用这个检测值填报，核查时认可吗？

答：如果煤的元素碳含量和低位发热量的测量方法、测试频次、取样要求和测试方法等均符合当年适用的《企业温室气体排放核算方法与报告指南 发电设施》或修订版本的要求，并且各机组煤样是从同一个入炉煤皮带秤或耐压式计量给煤机上采取的，企业可采用全厂实测的相同数值分机组填报。

83. 入厂煤；入炉煤低位发热量 个别小型热电企业无法提供入炉煤低位发热量数值，可否用入厂煤低位发热量代替入炉煤低位发热量？

答：燃料消耗量应与低位发热量状态匹配，月度低位发热量由每日的入炉煤低位发热量和每日入炉煤量加权计算得到，或每批次入厂煤低位发热量和每批次入厂煤量加权计算得到。燃煤的收到基低位发热量应优先采用每日入炉煤测量数值。不具备入炉煤检测条件的，采用每日或每批次入厂煤检测数值。

84. 检测基准；收到基 发电行业核算方法中元素碳含量以及低位发热量应该使用什么基准，是收到基、空气干燥基还是干燥基或者其他基？

答：以收到基进行计算，如果实测的元素碳含量为干燥基或空气干燥基分析结果，企业应采用最新适用《企业温室气体排放核算方法与报告指南　发电设施》所列的方法标准，将其转换为收到基元素碳含量。换算公式为

$$C_{ar} = C_{ad} \times \frac{100 - M_{ar}}{100 - M_{ad}} \text{ 或 } C_{ar} = C_{d} \times \frac{100 - M_{ar}}{100}$$

式中：C_{ar}——收到基元素碳含量，吨碳 / 吨（tC/t）；

C_{ad}——空干基元素碳含量，吨碳 / 吨（tC/t）；

C_{d}——干燥基元素碳含量，吨碳 / 吨（tC/t）；

M_{ar}——收到基水分，%；

M_{ad}——空干基水分，%。

85. 高炉煤气；转炉煤气；缺省值 某发电企业燃料采用的是钢铁行业的高炉煤气、转炉煤气，由于未实测高炉煤气、转炉煤气的低位发热量和单位热值含碳量，这种情况下应参照发电设施核算报告指南还是采用钢铁企业核算报告指南给出的高炉煤气和转炉煤气低位发热量及单位热值含碳量缺省值进行取值？

答：企业应参考当年适用的《企业温室气体排放核算方法与报告指南　发电设施》或修订版本附录中高炉煤气和转炉煤气缺省值。

86. 元素碳含量；检测标准 某燃煤发电企业自有实验室无法按 GB 476 对煤中元素碳含量进行检定，采用其他国际标准或电力行业标准进行检定出具的煤质分析报告，是否可以作为煤中元素碳含量的基础数据进行使用？

答：企业应依据当年适用的《企业温室气体排放核算方法与报告指南　发电设施》或修订版本要求，《煤的元素分析》（GB/T 31391）、《煤中碳和氢的测定方法》（GB/T 476）、《煤中碳氢氮的测定　仪器法》（GB/T 30733）和《燃料元素的快速分析方法》（DL/T 568）均可以作为元素碳含量的测定标准。

87. 元素碳含量；实测 发电企业实测单位热值含碳量时，其元素碳含量和低位发热量是以每月缩分样品测量获得，还是以每日测量每月加权平均获得？是两个都可以，还是优先使用每日测量每月加权平均值？

答：对于燃煤发热量，企业可采用每日测量每月加权平均值获得。对于元素碳含量，可采用以下方式之一获取，并确保采样、制样、化验和换算符合当年适用的《企业温室气体排放核算方法与报告指南　发电设施》或修订版本所列的方法标准。

（1）每日检测。采用每日入炉煤检测数据加权计算得到入炉煤月度平均收到基元素碳含量，权重为每日入炉煤消耗量。

（2）每批次检测。采用每月各批次入厂煤检测数据加权计算得到入厂煤月度平均收到基元素碳含量，权重为每批次入厂煤接收量。

（3）每月缩分样检测。每日采集入炉煤缩分样品，每月将获得的日缩分样品合并混合，用于检测其元素碳含量。合并混合前，每个缩分样品的质量应正比于该入炉煤原煤量的质量且基准保持一致，使合并后的入炉煤缩分样品混合样相关参数值为各入炉煤相关参数的加权平均值。

88. 水煤浆；单位热值含碳量 水煤浆电厂直接外购水煤浆，其制作水煤浆煤的种类和比例等都不受控，具有不确定性。水煤浆热值有化验，请问单位热值含碳量如何取值？

答：企业应根据当年适用的《企业温室气体排放核算方法与报告指南 发电设施》或修订版本要求测试元素碳含量或单位热值含碳量，未实测月份单位热值含碳量可根据《关于高效统筹疫情防控和经济社会发展 调整2022年企业温室气体排放报告管理相关重点工作任务的通知》（环办气候函〔2022〕229号）中关于发电行业重点排放单位2021年、2022年碳排放相关参数的取值规定进行取值。

89. 低位发热量；缩分煤样 发电企业入炉煤月度缩分样碳元素在实测过程中，同时检测了缩分样的碳元素和低位发热量，那么单位热值含碳量在计算过程中是采用缩分样的低位发热量还是采用月度加权平均低位发热量？

答：企业可采用入炉煤月度加权平均低位发热量计算月度入炉煤的单位热值含碳量。缩分样测试报告中的低位发热量测试结果不用于单位热值含碳量参数计算，仅用于数据可靠性的对比分析和验证。

90. 飞灰；炉渣；碳氧化率 某公司目前采用火力发电厂燃料试验方法测定飞灰和炉渣可燃物含量，这个结果可以用来计算碳排放报告中的碳氧化率吗？

答：企业按照当年适用的《企业温室气体排放核算方法与报告指南 发电

设施》或修订版本要求进行核算，燃煤机组碳氧化率取 99%。

91. 飞灰；炉渣；计算 **发电企业中，在已知飞灰、炉渣含碳量和原煤灰分的情况下，如何计算飞灰和炉渣？**

答：无须计算飞灰、炉渣。企业应按照当年适用的《企业温室气体排放核算方法与报告指南　发电设施》或修订版本要求进行核算，燃煤机组碳氧化率取 99%。

92. 自备电厂；碳氧化率 **某造纸企业每年消耗的烟煤全部用于其自备电厂，在核算法人边界排放时，造纸企业核算报告指南中烟煤的氧化率默认值为 93%，而在填报自备电厂碳排放量时，发电设施核算报告指南中烟煤的氧化率默认值为 99%。这就出现了燃煤使用量完全相同的情况下，法人边界燃煤排放和自备电厂补充数据燃煤排放不相同的情况。请问如何处理？是否应该在核算法人边界排放时考虑燃煤的用途，如果燃煤是完全用于自备电厂，是否应该按照《企业温室气体排放核算方法与报告指南　发电设施》的默认值计算？**

答：自备电厂按照当年适用的《企业温室气体排放核算方法与报告指南　发电设施》或修订版本要求进行核算，碳氧化率取 99%。用于造纸生产其他环节的燃煤，其碳氧化率采用《中国造纸和纸制品生产企业温室气体排放核算方法与报告指南（试行）》中的规定。

93. 电网排放因子 **国家未公布西藏自治区电网排放因子，核查中如何计算西藏自治区发电企业消耗电力引起的间接排放？**

答：企业应按照当年适用的《企业温室气体排放核算方法与报告指南　发

电设施》或修订版本要求中的电网排放因子或生态环境部发布的最新数值来计算。

94. 外购热力 发电设施核算报告指南明确了要报告购入电量带来的排放，没有明确外购热力如何计算，企业是否需要报告外购热力？

答：按照当年适用的《企业温室气体排放核算方法与报告指南 发电设施》或修订版本要求，发电设施核算范围不包括外购热力带来的排放。

95. 外购电量；分机组 如果外购电量无法分机组，企业应如何填报？

答：如果外购电量无法分机组，企业可按机组数目平分进行填报。

96. 下网电量；扣减 对于纯发电机组，供电量 = 发电量 - 厂用电量，如果发电机组在发电过程中有一部分用电来源于电网，那么在发电企业计算供电量过程中是否需要扣减该部分下网电量？

答：如果发电企业有一部分用电量来源于电网，该部分按外购电力计算购入电力排放；计算供电量时仅从发电量中扣减发电设施厂用电量。

97. 厂用电量 对于热电联产企业，供电量 = 发电量 - 发电厂用电量。但是有的热电联产企业厂用电量只有一个表计进行计量，得到厂用电量。那么如何拆分发电厂用电量和供热厂用电量？厂用电量是生产厂用电（发电附属设备）还是包括附属生产设备（如脱硫、脱硝装置等）及变压损失的综合厂用电？

答：（1）对于采用纯凝发电机组供电的企业，供电量为发电量与厂用电量之差；对于采用热电联产机组供电的企业，供电量为发电量与发电厂用电量之差，计算公式参照当年适用的《企业温室气体排放核算方法与报告指南　发电设施》或修订版本要求，公式中供热专用的厂用电量，指纯热网用的厂用电量（如热网循环泵等只与供热有关的设备用电量），当无相关设备或无供热专用厂用电量计量时，供热专用厂用电量可按0取值。

（2）除尘及脱硫脱硝装置消耗电量均应计入厂用电量，不区分委托运营或合同能源管理等形式的差异。

（3）厂用电量划分标准应参考《火力发电厂技术经济指标计算方法》（DL/T 904）。属于下列情况之一的，不计入厂用电的计算：

a）新设备或大修后设备的烘炉、暖机、空载运行的电量；

b）新设备在未正式移交生产前的带负荷试运行期间耗用的电量；

c）计划大修以及基建、技改工程施工用的电量；

d）发电机做调相机运行时耗用的电量；

e）厂外运输用自备机车、船舶等耗用的电量；

f）输配电用的升、降压变压器（不包括厂用变压器），变波机，调相机等消耗的电量；

g）非生产用（修配车间、副业、综合利用等）的电量。

98. 供电量 供电量计算公式是否只针对有对外供电的情况，若企业发电量还不够机组厂用电量，即下网电量远高于上网电量的情况，供电量按0计算还是严格按照公式进行计算？如果企业10月整月都停备，机组没有对外供电，发电量是0，全用的外购电为237.952 MW·h，该企业当月供电量按负的237.952 MW·h统计，还是按当月供电量为0统计？

答：如果企业出现机组月度生产厂用电量大于发电量的情形，当月供电量计为0。

99. BOT；脱硫脱硝装置；厂用电 部分电厂的除尘或脱硫脱硝装置作为 BOT 项目，这些设施由其他独立企业、独立法人经营管理，电厂向其支付了相应的环保电费。对于这种环保设备外包的情况，环保设备消耗的电力是否计入厂用电量？

答： 企业除尘及脱硫脱硝装置消耗电量均应计入厂用电量，不区分委托运营或合同能源管理等形式的差异。

100. 供热专用的厂用电量 供热专用的厂用电量指哪些设备用电？

答： 供热专用的厂用电量，指纯热网用的厂用电量，如热网循环泵等，只与供热有关的设备用电量。

101. 对外供热；供热量 对外供热和供热量的范围包括哪些？

答： 根据当年适用的《企业温室气体排放核算方法与报告指南 发电设施》或修订版本要求，供热量为锅炉不经汽轮机直供蒸汽热量、汽轮机直接供热量与汽轮机间接供热量之和，不含烟气余热利用供热。对外供热是指向除发电设施汽水系统（除氧器、低压加热器、高压加热器等）之外的热用户供出的热量。

102. 备案文件；纯凝机组；抽汽供热 某发电企业的备案文件表明其机组为纯凝发电机组，但根据核查情况，该企业存在抽取部分乏汽供热情况，请问该企业的机组应该认定为纯凝机组还是热电联产机组？

答： 根据当年适用的《企业温室气体排放核算方法与报告指南 发电设施》

或修订版本要求，热电联产机组指具备发电能力同时有对外供热量产生的发电机组。对外供热是指向除发电设施汽水系统（除氧器、低压加热器、高压加热器等）之外的热用户供出的热量。而纯凝发电机组是指企业核准批复或备案文件中明确为纯凝发电机组，并且仅对外供电的发电机组。因此，该企业的机组属于热电联产机组。

103. 供热量无法拆分；填报 热电联产企业无法将供热量、供热比拆分到单个机组，且每个机组压力参数、装机容量不一致，应如何填报？能否合并填报？

答：对于热电联产企业来说，当其供热量、供热比无法拆分到单个机组时，可以将机组合并填报，并参考当年适用的《企业温室气体排放核算方法与报告指南　发电设施》或修订版本相关要求。

104. 合并填报 多个机组合并填报有什么要求？

答：同一法人边界内有两台或两台以上机组合并填报的，参考以下要求：

（1）对于母管制系统，或其他存在燃料消耗量、供电量或者供热量中有任意一项无法分机组计量的，可合并填报；

（2）如果仅有元素碳含量、低位发热量无法分机组计量的，并且各机组煤样是从同一个入炉煤皮带秤或耐压式计量给煤机上采取的，可采用全厂实测的相同数值分机组填报；

（3）如果机组辅助燃料量无法分机组计量的，可按机组发电量比例分配或其他合理方式分机组填报；

（4）如果合并填报机组中既有纯凝发电机组也有热电联产机组的，按照热电联产机组填报；

（5）如果合并填报机组中汽轮机排汽冷却方式不同（包括水冷、空冷或为背压机组）并且无法分机组填报的，应符合当年适用的配额分配方案，无规定时应遵循保守性原则；

（6）如果母管制合并填报机组中既有常规燃煤锅炉也有非常规燃煤锅炉并且无法单独计量的，应符合当年适用的配额分配方案，无规定时，当非常规燃煤锅炉产热量为总产热量 80% 及以上时可按照非常规燃煤机组填报；

（7）四种机组类型（燃气机组、300 MW 等级以上常规燃煤机组、300 MW 等级及以下常规燃煤机组、非常规燃煤机组）跨机组类型合并填报时，应符合当年适用的配额分配方案，无规定时应遵循保守性原则；

（8）对于化石燃料掺烧生物质发电的，仅统计燃料中化石燃料的二氧化碳排放，并应计算掺烧化石燃料热量年均占比。对于燃烧生物质锅炉与化石燃料锅炉产生蒸汽母管制合并填报的，在无法拆分时可按掺烧处理，统计燃料中全部化石燃料的二氧化碳排放，并应计算掺烧化石燃料热量年均占比。

105. 合并填报 发电企业中存在的锅炉、汽轮机不是一一对应的关系，如 5 台锅炉同时给 2 台汽轮机（汽轮机功率、效率均不相同）供汽，如何填报单台机组的燃料消耗量？

答：对于无法独立填报的机组，企业可采取合并填报的方式，应参考当年适用的《企业温室气体排放核算方法与报告指南　发电设施》或修订版本相关要求。

106. 机组辅助燃气量；分摊 机组辅助燃气量无法分机组计量，应按机组数量均分还是按照机组发电量比例分配？

答：根据当年适用的《企业温室气体排放核算方法与报告指南　发电设施》或修订版本要求，如果机组辅助燃料量无法分机组计量的，可按机组发电量比例分配或其他合理方式分机组报告数据。

107. 燃气机组；分类 燃气轮机发电机组需要根据机组类型进行分类，即分为 B 级、E 级、F 级、H 级。那么这个分类原理是什么？企业是否只需要在这 4 种分类中选择即可？

答： 燃气轮机发电机组分为 B 级、E 级、F 级、H 级，原理一般是按照燃气机组进口温度划分；对于燃气电厂，企业可在上述几类中选择符合电厂实际情况的机组类型，采用排污许可证载明信息、机组运行规程、铭牌等进行确认，如果有特殊情况（如无法将燃气机组归入上述几种类型），企业应予以具体说明。

108. 冷却方式 机组及生产设施信息中的冷却方式，是指汽轮机排气冷却方式，还是指发电机的冷却方式？

答： 机组及生产设施信息中的冷却方式是指汽轮机排汽冷却方式，不是指发电机的冷却方式。

109. 生物质；垃圾；供热比 环保型热电联供企业燃料以燃煤为主要燃料的同时掺烧生物质与垃圾，供热比计算时是否需要剔除垃圾与生物质的贡献？如果需要，如何剔除？

答： 该类型企业在计算供热比时不需要剔除垃圾与生物质的贡献。

110. 联合循环发电；供热比 （1）燃气蒸汽联合循环发电机组的供热比如何计算？（2）热电分摊方法是怎样的？

答：（1）对于燃气蒸汽联合循环发电机组（CCPP）存在外供热量的情况，

供热比可采用供热量与燃气产生的热量之比的简化方式，即供热比 = 机组供热量 / 燃气产生的热量 = 机组供热量 ÷（燃气消耗量 × 燃气低位发热值）。其中，机组供热量 = 锅炉直供热 + 汽轮机供热。

（2）热电分摊采用上述方法计算出的供热比。

111. 抽凝；供热 发电机组通过抽凝机运行改造向外供热，产生的供热量是否参与供热比计算？

答：发电机组通过抽凝机运行改造向外供热，产生的供热量需要参与到供热比计算。

112. 供热量 电力企业机组供热量没有直接计量表计，供热量的获得方式为供热量 = 售热量 /（1- 管道损失），管道损失采取电厂内部经验值，核查时此种方法获得的供热量数据是否能够采信？

答：供热量根据当年适用的《企业温室气体排放核算方法与报告指南　发电设施》或修订版本要求进行计算，供热量数据按以下优先序获取：（1）直接计量的热量数据；（2）结算凭证上的数据。

113. 回热抽汽；供热比 供热比 = 统计期内汽轮机组向外供出热量 / 统计期内汽轮机组总热耗量。（1）上述公式中的分子是否包括回热利用的部分？（2）如果汽轮机组不是每月抽汽供热，计算全年供热比时，上述公式中的分母是只计算抽汽月份汽轮机组的耗热量还是全年汽轮机组的总耗热量？

答：根据当年适用的《企业温室气体排放核算方法与报告指南　发电设施》

或修订版本进行计算：

（1）对外供热是指向除发电设施汽水系统（除氧器、低压加热器、高压加热器等）之外的热用户供出的热量。如果企业供热存在回水，计算供热量时应扣减回水热量。

（2）供热比年度结果根据每月累计得到的全年供热量、产热量或耗煤量等进行计算。

114. 供热煤耗；供电煤耗 自备电厂的热电联产设施，产生的蒸汽和电力都是内部使用，只能知道电厂总的耗煤量，无法分开统计供热煤耗和供电煤耗，请问如何计算填报？

答： 供电煤耗和供热煤耗参考《热电联产单位产品能源消耗限额》（GB 35574）和《火力发电厂技术经济指标计算方法》（DL/T 904）等计算方法中的要求，当统计数据不可得时按照以下公式计算：

供热煤耗 = 总耗煤量（标准煤）× 供热比 / 供热量

供电煤耗 = 总耗煤量（标准煤）×（1− 供热比）/ 供电量

此外，当上述供热比等相关数据不可得时，可采用反算法简化计算获取供热煤耗，即把 1 GJ 供热量折算成标准煤 0.034 12 tce，再除以管道效率、锅炉效率和换热器效率计算得出供热煤耗，即

$$b_r = \frac{0.03412}{\eta_{gl} \times \eta_{gd} \times \eta_{hh}}$$

式中：b_r——机组单位供热量所消耗的标准煤量，吨标准煤 / 吉焦（tce/GJ）；

η_{gl}——锅炉效率，来源于企业锅炉效率测试试验数据，没有实测数据时采用设计值，%；

η_{gd}——管道效率，取缺省值 99%；

η_{hh}——换热器效率，对有换热器的间接供热，换热器效率采用数值为 95%；如没有则换热器效率可取 100%。

115. 对外供热量 “对外供热量”中“对外”是对机组边界外还是企业边界外?

答: 对外供热量是指向除发电设施汽水系统(除氧器、低压加热器、高压加热器等)之外的热用户供出的热量。

116. 回水;温度监测 部分自备电厂企业供蒸汽用于其他行业生产单元，冷凝热水回到自备电厂，并且冷凝回水温度有监测。供热回水部分的热量是否需要扣减?供热有回水和供热没有回水的企业如何计算热量?

答: (1)如果企业供热没有回水，则以质量单位计量的蒸汽可采用《企业温室气体排放核算方法与报告指南　发电设施(2022年修订版)》中如下公式转换为热量单位:

$$AD_{st}=Ma_{st}\times(En_{st}-83.74)\times10^{-3}$$

(2)如果企业供热存在回水，计算供热量时应扣减回水热量，回水热量按照指南中如下公式计算:

$$AD_W=Ma_W\times(T_W-20)\times4.1868\times10^{-3}$$

因此，若企业供热存在回水，供热量 $=AD_{st}-AD_W$。

117. 供热比 (1)供热比中界定的统计期为月度，也就是每月对供热比进行计算并记录，年度的供热比根据每月供热量和锅炉产量累计进行计算，是否正确?(2)企业在填报数据时，可以填报每个月供热比数据，但汇总年度数据的时候，如何填报?

答: 供热比年度结果根据每月累计得到的全年供热量、产热量或耗煤量等进行计算。供热比月度结果用于数据可靠性的对比分析和验证。

118. 再热蒸汽量 关于汽轮机总耗热量计算公式，由于实际中再热蒸汽量可能没有计量，能否根据负荷情况，按照设计值或工艺平衡图中的再热蒸汽占主蒸汽的比例值进行计算？

答： 考虑机组的蒸汽再热比基本恒定，如果实际中再热蒸汽量没有计量，可根据负荷情况按照设计值或工艺平衡图中的再热蒸汽占主蒸汽的比例值进行计算。

119. 循环流化床；煤粉炉；母管制 某企业现有循环流化床锅炉和煤粉炉，采用母管制。其中，循环流化床锅炉用煤低位发热量为 22 GJ/t，煤粉炉用煤低位发热量为 24 GJ/t。在报告中，两种煤分开统计低位发热量等活动水平数据。在核算排放量时，想采用实测值单位热值含碳量和碳氧化率。因灰渣无法分离，请问能否对两种用煤低位发热量进行加权平均，作为计算总排放量的依据？

答： 参照当年适用的《企业温室气体排放核算方法与报告指南　发电设施》或修订版本要求，燃煤的碳氧化率不区分煤种，取 99%。该企业需要分别监测循环流化床锅炉和煤粉炉耗煤碳含量和低位发热量数据。

120. 供热比无法计算；供热煤耗 某发电企业的锅炉总产出热量或汽轮机耗热量不可得，无法通过供热量、锅炉总产出热量或汽轮机耗热量计算供热比，这种情况下供热煤耗如何计算？

答： 发电企业应考虑按照《热电联产单位产品能源消耗限额》（GB 35574）和《火力发电厂技术经济指标计算方法》（DL/T 904）标准计算方法的要求计算供热煤耗。当供热比等相关数据不可得时，可采用反算法简化计算获取供热煤耗，即把 1 GJ 供热量折算成标准煤 0.034 12 tce，再除以管道效率、锅炉效率和换热器效率计算得出供热煤耗，即

$$b_r = \frac{0.03412}{\eta_{gl} \times \eta_{gd} \times \eta_{hh}}$$

式中：b_r——机组单位供热量所消耗的标准煤量，吨标准煤 / 吉焦（tce/GJ）；

η_{gl}——锅炉效率，来源于企业锅炉效率测试试验数据，没有实测数据时采用设计值，%；

η_{gd}——管道效率，取缺省值 99%；

η_{hh}——换热器效率，对有换热器的间接供热，换热器效率采用数值为 95%，如没有则换热器效率可取 100%。

121.（供电量；供热专用的厂用电量）对于热电联产机组的供电量计算，供电量 = 发电量 – 发电厂用电量，其中发电厂用电量 = 发电专用的厂用电量 + 发电供热共用的厂用电量 ×（1– 供热比），而热电联产企业基本都没有发电专用的厂用电量，而有供热专用的厂用电量（例如热网循环泵），这种情况如何计算供电量？

答：参考当年适用的《企业温室气体排放核算方法与报告指南　发电设施》或修订版本要求，供电量 = 发电量 – 发电厂用电量，其中发电厂用电量 =（生产厂用电量 – 供热专用的厂用电量）×（1– 供热比）。

供热专用的厂用电量，指纯热网用的厂用电量（如热网循环泵等只与供热有关的设备用电量）。

122.（固定碳）燃煤的收到基元素碳含量是煤分析中的固定碳吗？如果企业有固定碳的值，可以替代吗？

答：按照当年适用的《企业温室气体排放核算方法与报告指南　发电设施》或修订版本要求，企业应对元素碳含量进行检测分析，不能采用固定碳数据。

123. 煤样留存 什么样的煤样需要留存，是留每月的缩分煤样？外委机构 / 实验室检测的煤样是否需要留存？存样用容器及存样间温度、湿度等条件有何要求？

答：所有涉及发电设施指南中元素碳含量、低位发热量检测的煤样，应留存日综合煤样和月缩分煤样一年备查。煤样的保存应符合《煤样的制备方法》（GB/T 474）或《煤炭机械化采样　第 2 部分：煤样的制备》（GB/T 19494.2）中的相关要求。

对于确因条件不允许无法保留每日煤样的，应提前向省级生态环境主管部门提出书面申请，证明月缩分煤样是严格按照发电设施核算报告指南由日综合煤样按比例制成并保存相应的全过程记录。

124. CMA；CNAS 被委托的检测机构 / 实验室是否需要通过 CMA 认定或 CNAS 认可？

答：企业委托外部有资质的检测机构 / 实验室检测燃煤元素碳含量、低位发热量等参数时，应确保被委托的检测机构 / 实验室通过 CMA 资质认定或 CNAS 认可且认可项包括燃煤元素碳含量、低位发热量，其出具的检测报告应盖有 CMA 资质认定标志或 CNAS 认可标识章。被委托的检测机构 / 实验室不具备相关参数检测能力的、检测报告不符合规范要求的或不能证实报告载明信息可信的，检测结果不予认可。

125. CMA 某企业委托有 CMA 资质的机构进行燃煤元素碳含量检测，但检测报告上没有 CMA 的资质认定标志，是否可以？

答：燃煤元素碳含量检测报告应由通过 CMA 资质认定或 CNAS 认可且认

可项包括元素碳含量的检测机构 / 实验室出具，检测报告应盖有 CMA 资质认定标志或 CNAS 认可标识章。

126. 综合煤样；检测报告 （1）企业外委检测燃煤元素碳含量时，对综合煤样检测是否有其他参数要求？（2）燃煤元素碳含量样品的送检时间和检测报告内容有何要求？

答：（1）企业委托外部检测机构检测燃煤元素碳含量的，应同时检测同一综合样品的低位发热量、氢含量、内水等参数并出具报告。

（2）每次样品采集之后，检测机构应于 40 个自然日内对该月样品完成检测并出具报告。检测报告应载明收到样品时间、样品对应的月份、样品测试标准、样品重量和样品测试结果对应的状态（收到基、干燥基或空气干燥基）。检测样品的取样要求和相关记录应包括取样依据（方法标准）、取样点、取样频次、取样量、取样人员和保存情况等。

127. 缩分周期；检测周期 某发电企业每月将缩分煤样寄送给有资质的第三方检测机构检测燃煤元素碳含量，每月一次，综合煤样的缩分周期为上月 16 日至当月 15 日，但生产数据统计周期为自然月。当燃煤消耗量和元素碳检测周期无法一一对应（生产数据无法调整），燃煤元素碳含量检测数据应如何采用？

答：建议企业调整缩分周期为自然月，使排放量计算与生产数据统计周期保持一致；针对上述已发生的情况，可考虑 1—15 日采用对应 1—15 日燃煤消耗量和对应月度元素碳含量测试结果，16—31（或 30）日采用对应 16—31（或 30）日燃煤消耗量和对应月度元素碳含量测试结果，然后加权计算得到各月度数据。如果月度缩分煤样混合未能覆盖全部日期，比如只混合了 1—28 日的日综合煤样，则其他未参与混样的日期（29—31 日）的燃煤收到基元素碳含量，可按照《关于高效统筹疫情防控和经济社会发展 调整2022年企业温室气体排放报告管理相关重点工作任务的通知》（环办气候函〔2022〕229号）中关于发电行业重点排放单位2021年、2022年碳排放相关参数的取值规定，取当年按自然月缩分化验的已实测月份的元素碳含量算术平均值，或未参与混样日期的燃煤单位热值含碳量不分煤种取0.030 85 tC/GJ的缺省值。

128. 全水；内水 如果企业没有对收到基进行每日测量，对于燃煤收到基的全水和内水参数，应如何选取？

答： 按照《企业温室气体排放核算方法与报告指南 发电设施（2022年修订版）》的要求，计算燃煤的收到基元素碳含量时，收到基水分和空干基水分均应采用企业每日测量值的月度加权平均值，因此，企业应当开展每日实测；若企业未实测收到基水分，则按保守性原则取空干基水分。空干基水分，可采用企业每日测量值的月度加权平均值，如果企业没有空干基水分数据则采用缩分样检测数据。

129. 加权平均；算术平均 对于每日低位发热量化验多次的情况，每日低位发热量是通过加权平均还是算术平均计算得到？

答： 入炉煤月度平均收到基低位发热量由每日/班所耗燃煤的收到基低位发热量加权平均计算得到，其权重是每日/班入炉煤消耗量。当每班燃煤消耗量数据不可得时，方可采用算术平均计算得到每日低位发热量数值。

130. 共用皮带秤 如果企业有两台机组，共用一条上煤皮带秤并从皮带秤上取样，低位发热量和元素碳含量实测数据仅有一个，是否可以分机组核算？

答： 这种情况下，入炉煤取样点一样，两台机组消耗的煤质是一样的，符合《企业温室气体排放核算方法与报告指南　发电设施（2022 年修订版）》相关要求，可采用同一实测的数据分别填报。

131. 天然气热值 对于燃气发电企业，仅有供应商提供的高位发热值，该如何获取低位发热量，参考哪个标准？

答：燃气的低位发热量应至少每月检测，企业可自行检测或委托外部有资质的检测机构 / 实验室进行检测，检测天然气低位发热量的压力和温度应符合《天然气发热量、密度、相对密度和沃泊指数的计算方法》（GB/T 11062）中的规定，可采用 101.325 kPa、20℃的燃烧和计量参比条件，或参照该标准中的换算系数计算。无实测数据时可采用供应商提供的检测报告中的数据，或采用《企业温室气体排放核算方法与报告指南　发电设施》或修订版本附录规定的各燃料品种对应的缺省值。

132. 运行小时数 燃气蒸汽联合循环发电机组（CCPP 机组）的运行小时数是怎么确定的？有企业是 2 台燃机、1 台汽机，用 3 台机器各自的运行小时数计算平均值作为机组运行小时数可以吗？

答：对于 CCPP 机组存在“二拖一”或“二拖二”等情况，企业应都按照各自运行小时数和各自装机容量进行权重加权，并采用当年适用的《企业温室气体排放核算方法与报告指南　发电设施》或修订版本里的公式加权计算。

133. 保守性原则 《企业温室气体排放报告核查指南（试行）》以及《企业温室气体排放核算方法与报告指南　发电设施》均提到，在企业温室气体排放核算核查过程中应遵循“保守性原则”，请问“保守性原则”是什么意思？

答：“保守性原则”是指企业在估算和处理排放数据或支撑配额分配的生产

数据，以及核查机构在对估算和处理的数据进行核查时，均应确保相关估算和处理方式方法“不会低估履约年度的排放量或不应导致配额过量发放”。

134.（掺烧污泥）（1）锅炉掺烧污泥，污泥属不属于化石燃料统计范围？算不算在入炉煤量里面？（2）企业将污泥入厂后直接和燃煤掺混在一起，混煤量（包含煤和污泥）通过皮带称量，化验了入厂混煤的碳元素含量（包含煤和污泥，在皮带上取样），考虑污泥是生物质，计算的时候先算总排放量（混煤量 × 混煤含碳量），然后减去入厂污泥排放量（入厂污泥量 × 入厂污泥碳元素含量），这种扣减方法是否可以？

答：（1）污泥不属于化石燃料。污泥可以单独计量的，可不计入入炉煤量，但应确保入炉煤量与入炉煤碳含量等参数应匹配，入炉煤量不能仅采用燃料消耗量而碳含量等检测又包含了掺烧污泥。（2）上述扣减方法可行。

135.（启动锅炉；烘炉；暖机）指南明确发电设施核算范围包括发电锅炉（含启动锅炉），请问此处启动锅炉该如何理解？

答：启动锅炉是为解决大型机组启动而建设的小型工业锅炉，它的主要作用是在大型机组或新建机组启动前没有蒸汽时提供辅助蒸汽，或用作锅炉底部加热，从而加速锅炉启动时间等。

136.（启动锅炉）全厂机组在停运情况下，启动锅炉运行并对外供热，供热碳排放量是否纳入机组供热碳排放核算边界？

答：如果启动锅炉平时用作纯供热锅炉，其燃料消耗能够与作为发电机组的启动锅炉燃料消耗量准确计量区分，那么仅考虑用作发电机组启动锅炉部分的燃料消耗排放，此时注意对应的供热量也不应计入发电设施核算边界。若无法拆分则应全部纳入。

137. 启动；助燃；柴油 燃煤机组燃油仅在启动或发生事故情况下助燃使用，若当月未产生用量，是否有必要每月化验？是否可默认采用缺省值？

答：燃油不实测碳含量的，可按低位发热量、单位热值含碳量计算，发热量有实测数据的可按《企业温室气体排放核算方法与报告指南　发电设施（2022 年修订版）》要求取实测值，无实测数据的可采用缺省值。

138. 日综合样；多台机组 《企业温室气体排放核算方法与报告指南　发电设施（2022 年修订版）》要求入炉煤日留样保存一年，对有多台机组的是分别留样还是每日只留一个样？

答：煤样留存与检测内容相对应，如果多台机组合并填报，只测一个含碳量或发热量数据，那么每日只留一个样；如果各台机组分别填报分别检测，那么各机组分别留样。

139. 留存质量 《企业温室气体排放核算方法与报告指南　发电设施（2022 年修订版）》没有明确的日留存样、月留存样的留存重量，留多少合适？

答：《企业温室气体排放核算方法与报告指南　发电设施（2022 年修订版）》对煤样留存量不做要求，企业应当符合行业标准或操作规范，质量要求至少可保证检测要求，也可参考《煤样的制备方法》（GB/T 474）中关于存查样质量一般为 700 g 或“表 1 缩分后总样最小质量”的对应要求。

140. 留存煤样 留存煤样是 0.2 mm 的一般分析煤样还是 3 mm 的存查煤样？全水分煤样是否需要留存？

答： 对保存 0.2 mm 的一般分析煤样还是 3 mm 的存查煤样并无特别要求，每日综合煤样保存一份共用煤样即可。可以把每天 3 班的煤样混合成一个日综合样，煤样制取比例应与燃煤消耗量比例一致。如果企业有单独的全水分煤样，考虑较长时间后会发生变化，因此对全水分煤样不做要求，应按当年所适用的《企业温室气体排放核算方法与报告指南　发电设施》或修订版本要求保存全水、水分测试的可信原始记录。

141. 留存煤样 企业按每日 3 班次采 3 个入炉煤样，每日均进行化验热值，3 个入炉煤样均备存，是否还需要再留存每日缩分煤样？

答： 发电企业一般均备存每日 3 个煤样及存查样 2 个月。如果每日 3 个煤样均备存且符合 1 年要求，可不要求额外准备每日缩分煤样。每日一个综合样主要考虑每班留存煤样过多。

142. 缩分样品质量；正比于煤量 根据“每日采集入炉煤缩分样品，每月将获得的日缩分样品合并缩分，用于检测其元素碳含量。合并混合前，每个缩分样品的质量应正比于该入炉煤原煤量的质量且基准保持一致”的规定，是否可以每日将正比于煤量的煤样放置于混样瓶中，次月 1 日将混样瓶中煤样进行充分混匀。

答： 留存的每日综合样重量按每日入炉煤量的正比例留存，具体是每日将正比于煤量的煤样放置于混样瓶中，月底将总煤样充分混匀还是月底将每日留存煤样分别按比例合并取样，相关规定并未做具体要求，企业方便操作并符合国家标准操作规范的方法均可。

143. 自有实验室；元素碳检测 企业自有实验室开展元素碳检测是否需要具备 CMA 或 CNAS 可标识？

答：根据《关于做好 2022 年企业温室气体排放报告管理相关重点工作的通知》的要求，明确自 2022 年 4 月起按照《企业温室气体排放核算方法与报告指南 发电设施（2022 年修订版）》要求，企业自有实验室开展元素碳检测也需要出具 CMA 或 CNAS 认可标识的报告，对 2022 年 4 月之前未做要求。

144. 全水分数据；收到基；空干基 燃煤元素碳含量月缩分样检测报告中元素碳、低位发热量等数据是否必须是空干基的数据，还是可以直接出具收到基的检测值？检测机构在计算收到基低位发热量和收到基元素碳时，收到基月度煤样的全水分数据（日度全水分的加权平均值）是否需要由企业提供水分数据（日度水分的加权平均值）？

答：检测报告中元素碳、发热量等数据一般是空干基，企业可根据检测报告结果和企业自测水分结果自行换算成收到基。如果检测报告出具了收到基的值，那么其全水分数据也是企业提供的，此时要确认该数据与企业每日实测全水分的月加权平均值是否一致，如果数据不一致，应采用企业实测全水分值。

145. 供电量；月度数据 供电量数据是采用系统月度数据加和还是采用年度供热比数据计算？

答：供电量数据采用平台填报月度数据加和来计算。

146.（绝对压力；表压）蒸汽的温度压力指的是表压还是绝对压力？

答： 查询焓值表的时候，压力为绝对压力；如果提供的是表压，建议换算成绝对压力后查询对应焓值。

147.（给水温度；83.74 kJ/kg；焓值）如果 83.74 kJ/kg 为热电联产企业锅炉给水温度为 20℃对应的焓值，但是部分企业锅炉给水温度远高于此温度并有连续检测记录，那么企业是否根据实际锅炉给水温度取对应的焓值？

答： 该问题混淆了两个概念。根据《企业温室气体排放核算方法与报告指南　发电设施（2022 年修订版）》，对于供热比计算公式（14），计算锅炉产热量公式为主蒸汽量 × 主蒸汽焓值 − 锅炉给水量 × 锅炉给水焓值 + 再热蒸汽量 × 再热焓值，此时计算给水焓值就是采用的锅炉给水实际温度下的焓值，与 83.74 kJ/kg 无关。《企业温室气体排放核算方法与报告指南　发电设施（2022 年修订版）》公式（11）中由质量单位 t 换算为热量单位 GJ 时才考虑减 83.74 kJ/kg。

148.（疫情；不可抗力；延迟送检）由于疫情原因或受其他不可抗力因素影响，导致企业外委送检的煤样无法及时寄出或检测机构不能按时完成检测，从而无法在每月结束后 40 天内完成元素碳检测并上传检测报告，请问这种情况如何处理？

答： 根据《关于高效统筹疫情防控和经济社会发展　调整 2022 年企业温室气体排放报告管理相关重点工作任务的通知》（环办气候函〔2022〕229 号）的要求，针对全国碳市场部分重点排放单位因疫情影响造成的煤质分析样品送检难等实际情况，发电行业重点排放单位 2021 年、2022 年碳排放相关参数的取值方式按照以下情形做出调整：（1）元素碳含量年度实测月份 3 个月及以上的重点排放单位，可使用当年度已实测月份数据的算术平均值替代缺失月份数据；（2）元素碳含量年度实测月份不足 3 个月的，缺失月份燃煤单位热值含碳量使用缺省值，该缺省值由原规定的 0.033 56 tC/GJ 调整为不区分煤种的 0.030 85 tC/GJ。缺失月份燃煤低位发热量可依序按入炉煤、入厂煤或供应商煤质检测实测结果取值；（3）严厉打击数据弄虚作假行为，对查实存在元素碳含量数据虚报、瞒报的重点排放单位，在问题处置及整改中，其燃煤单位热值含碳量仍采用 0.033 56 tC/GJ 的高限值。

149. 燃煤低位发热量及氢含量检测 煤的低位发热量检测需要知道煤中水分和氢的含量，请问氢含量是否可以使用行业经验值或计算值，还是必须按《煤中碳和氢的测定方法》（GB/T 476）或《煤中碳氢氮的测定　仪器法》（GB/T 30733）进行检测？对氢含量检测频率有哪些要求？

答：（1）考虑到企业入炉煤氢的变化波动范围较小且避免增加企业负担，不要求企业每日检测煤中氢含量。

（2）鉴于企业原有内部生产质控的日常煤质分析中，煤中氢含量采用公式或经验值等固有做法获得，建议在适用《企业温室气体排放核算方法与报告指南　发电设施》填报 2022 年 3 月及以前的数据时尊重发电行业既有习惯。

（3）在适用《企业温室气体排放核算方法与报告指南　发电设施（2022 年修订版）》填报 2022 年 4 月及以后的数据时，如果机组实测了燃煤元素碳含量，并且供热比计算也不使用指南公式（16）的话，则无论排放量计算还是支撑配额分配的相关生产数据都无须用到低位发热量这个参数，因此在核查检查中，也无须关注当事单位燃煤低位发热量及氢含量的数据获取做法。如果企业未实测元素碳，此时需要使用低位发热量和单位热值含碳量缺省值来计算化石燃料燃烧排放量，为此企业需要实测燃煤低位发热量及煤中氢含量，氢含量检验方法还应满足《煤中碳和氢的测定方法》(GB/T 476)、《煤中碳氢氮的测定 仪器法》(GB/T 30733)或《燃料元素的快速分析方法》(DL/T 568)等标准中对于燃煤氢含量的检验要求，否则燃煤低位发热量须按 2022 年修订版指南取缺省值。为满足月度信息化存证要求，建议通过检测燃煤月度缩分样获得每月一次氢含量实测值，并将最近一次(如上一月)检测结果用于计算每月燃煤低位发热量。

150. 燃煤全水分测量 企业按照指南要求，依据 GB/T 211 的规定实测入炉煤全水分，选用《煤中全水分的测定方法》(GB/T 211—2017)中微波干燥法测量。该标准的 2017 年更新版中，微波干燥法由标准正文调整至资料性附录中，请问企业还可以采用“微波干燥法”进行全水分测量吗?

答：《煤中全水分的测定方法》(GB/T 211—2017)中调整了测量方法，将 2007 年版的微波干燥法调整至资料性附录 A 中，不再作为标准正文的测定方法。但正文也提到该方法适用于烟煤和褐煤，并未明确不能采用该方法。因此，可以对微波干燥法测定的水分数据予以认可。

151. 燃气的元素碳含量实测 按照《企业温室气体排放核算方法与报告指南 发电设施(2022 年修订版)》，企业应至少每月检测燃油、燃气的元素碳含量，其中天然气检测依据为《天然气的组分分析 气相色谱法》(GB/T 13610)和《气体中一氧化碳、二氧化碳和碳氢化合物的测定 气相色谱法》(GB/T 8984)。然而这两个国标并未规定天然气的元素碳含量该如何计算，请问该如何处理?

答：按照《企业温室气体排放核算方法与报告指南 发电设施》或修订版

本的要求，对于天然气等气体燃料的元素碳含量，应遵循《天然气的组分分析 气相色谱法》（GB/T 13610—2020）和《气体中一氧化碳、二氧化碳和碳氢化合物的测定 气相色谱法》（GB/T 8984—2008）等相关标准测定气体组分后，根据每种气体组分的体积浓度及该组分化学分子式中碳原子的数目计算元素碳含量；如果某月有多于一次的元素碳含量实测数据，宜取算术平均值计算该月数值。

152. 空干基水分 按照《企业温室气体排放核算方法与报告指南 发电设施（2022 年修订版）》的要求，企业在换算入炉煤收到基元素碳含量时，应取企业每日入炉煤化验的全水分与空干基水分，对入炉煤元素碳含量空干基、干基检验结果进行换算。企业是否可以采用月度缩分综合样的 CMA/CNAS 检验报告的全水分与空干基水分进行计算？

答：按照《企业温室气体排放核算方法与报告指南 发电设施（2022 年修订版）》的要求，计算燃煤的收到基元素碳含量时收到基水分和空干基水分均应采用企业每日测量值的月度加权平均值，因此，企业应当开展每日实测。若企业未实测收到基水分，则按保守性原则取空干基水分。对于空干基水分，企业可采用每日测量值的月度加权平均值，如没有数据则采用缩分样检测数据。

153. 燃煤计量设备 按照《企业温室气体排放核算方法与报告指南 发电设施（2022 年修订版）》的要求，入炉煤计量需采用皮带秤或耐压式给煤机进行计量，企业现有安装的给煤机并非耐压式给煤机，请问企业可以采用目前的给煤机设备计量入炉煤量吗？还是需要对给煤机进行升级替换？

答：企业的给煤机如果不是耐压式给煤机，可以选用皮带秤进行入炉煤量计量。不具备入炉煤测量条件的，企业可根据每日或每批次入厂煤盘存测量数值统计消耗量，并报告说明未采用入炉煤测量值的原因。

154. 校验要求 按照《企业温室气体排放核算方法与报告指南　发电设施（2022 年修订版）》的要求，企业需对各类参数的监测仪表进行定期校验，如皮带秤需要每旬校验、给煤机需要每季度校验等，那么碳排放报告所需的各类参数计量仪表的校验必须请校验机构校验还是企业自主校验就符合要求？

答：非强检设备企业可自行校准或校验。

155. 企业公章；部门章 企业每月上报碳排放月报时，需上传盖章版支撑文件，请问盖章需要是企业公章还是部门章就可以？

答：企业每月上报的文件应加盖企业公章。

156. 抽汽；制冷；压缩空气；利用方式 如果电力企业还存在利用抽取的蒸汽生产其他输出产品（如压缩空气等）或其他利用方式（如用于制冷、提供给脱硫设施使用），该类产品或利用方式所消耗蒸汽是否计入供热量？

答：根据《企业温室气体排放核算方法与报告指南　发电设施（2022 年修订版）》的要求，对外供热是指向除发电设施汽水系统（除氧器、低压加热器、高压加热器等）之外的热用户供出的热量。因此如果电力企业利用对外供热量生产其他产品，如利用蒸汽做功生产压缩空气；或者利用蒸汽制冷、用于脱硫设施等其他利用方式，那么该类产品或该利用方式所消耗的蒸汽可计入供热量。

三、其他行业 MRV 相关问题

（一）钢铁行业

157.（行业代码纳入）某钢铁企业国民经济行业分类代码为 3140，但生产钢材（行业代码 3208），请问是否列入报告核查范围？

答：应当列入。

158.（化石燃料燃烧排放）钢铁企业化石燃烧的排放，能否可以按照煤的耗量乘以元素碳含量乘以 44 除以 12 再乘以氧化率的方法计算？

答：不可以，应按照《中国钢铁生产企业温室气体排放核算方法与报告指南（试行）》（以下简称《钢铁企业核算报告指南》）中的要求进行计算。

159.（能耗分工序计量）长流程钢铁企业的能耗无分工序的计量，应如何核算分工序的碳排放？

答：企业首先应按《用能单位能源计量器具配备和管理通则》（GB 17167）的要求，完善进出次级用能系统的计量器具配备，并在数据质量控制计划（监测计划）中明确各工序能耗计量的方法。

对于长流程钢铁企业，一般来说，各工序的生产设施在地理上有明显的边界区分，可以根据各工序不同能源品种的购销存数据来核算排放量，企业也可以根据能源平衡表中的相关能耗数据计算各工序的排放量。

160. 焦炉煤气排放 钢铁长流程中，企业自己炼焦工序产生的焦炉煤气是否纳入燃烧排放？

答： 进行企业法人边界核算时，应按照《钢铁企业核算报告指南》中的公式（2）～（5）计算化石燃料消耗量产生的排放。企业自产自用的焦炉煤气的排放已由公式（5）涵盖，不再重复计算排放；如果外销则需在公式（5）中作为“外销量”扣减。补充数据表填报时，应按照补充数据表内嵌公式计算各个工序的排放量，企业自产自用的焦炉煤气不纳入工序计算；如果外销则需纳入工序扣减计算。

161. 自产高炉煤气排放 请问长流程钢铁企业，轧钢工序利用了本企业自产的高炉煤气，填报补充数据表时，轧钢工序的化石能源消耗排放是否需要核算高炉煤气排放量？

答： 不需要。

162. 外销高焦转煤气排放 钢铁企业外销焦炉煤气、高炉煤气和转炉煤气至其他独立法人企业（如电厂、化工厂），在该种情况下，外销煤气是按固碳产品还是按化石燃料燃烧扣减计算？补充数据表填报时如何处理？

答： 无论企业法人边界核算还是补充数据表填报，钢铁企业外销焦炉煤气、高炉煤气和转炉煤气均应按化石燃料燃烧扣减计算。

此外，在补充数据表填报时，还应注意在焦化工序扣减焦炉煤气外销量，在炼铁工序扣减高炉煤气外销量，在炼钢工序扣减转炉煤气外销量。

163. 外销高焦转煤气排放 钢铁企业的自备电厂主要燃烧自产气，不符合纳入全国碳市场的要求，填报补充数据排放报告时，供给自备电厂的高炉煤气、焦炉煤气、转炉煤气是否参考注 3 的要求作为副产外销处理？

答：不能作为外销处理。

164. 高焦转煤气排放 钢铁企业使用高炉煤气、焦炉煤气、转炉煤气发电是否需要按《企业温室气体排放核算方法与报告指南　发电设施》核算和报告排放量？

答：企业法人边界核算时，钢铁企业自产焦炉煤气、高炉煤气、转炉煤气发电不需要按发电设施指南核算和报告排放量，该部分的排放已经在《钢铁企业核算报告指南》公式（5）中涵盖。外购焦炉煤气、高炉煤气、转炉煤气发电可按《企业温室气体排放核算方法与报告指南　发电设施》或修订版本中化石燃料燃烧产生的排放计算。此种情况下，发电部分产生的排放应纳入钢铁企业一并报告；非发电部分化石燃料消耗按《钢铁企业核算报告指南》中公式（5）计算时，不应再把用于发电部分的外购焦炉煤气、高炉煤气、转炉煤气等计入“购入量”。

配额管控边界核算时，根据《关于做好 2022 年企业温室气体排放报告管理相关重点工作的通知》附件 3“各类机组判定标准”的规定：焦炉煤气、高炉煤气和转炉煤气发电机组作为特殊燃料发电机组暂不纳入配额管理；使用自产资源发电机组暂不纳入配额管理。因此，企业不需要填报“企业温室气体排放报告　发电设施”。

165. 碳酸盐分解排放 《钢铁企业核算报告指南》未包括的采用碳酸盐进行烟气脱硫环节产生的二氧化碳和企业自己生产“石灰”产生的二氧化碳，这两部分产生的二氧化碳是否应当纳入企业边界的核算？

答： 应纳入核算，计算方法可参照溶剂消耗排放计算公式。

166. 增碳剂 企业在炼钢工序中使用焦炭（焦丁）作增碳剂。但是在炼钢降碳过程中，钢坯的含碳量过低时需要通过添加焦炭来提高钢坯含碳量，增碳剂的焦炭（焦丁）是否需要计算排放量？

答： 需要。添加的增碳剂按《钢铁企业核算报告指南》中公式（9）“外购含碳原料”消耗计算排放。

167. 烟煤排放因子 钢铁企业使用烟煤作为还原剂，但在《钢铁企业核算报告指南》中均无对应的排放因子，那么应如何取值？

答： 根据《钢铁企业核算报告指南》的要求，烟煤作为还原剂按化石燃料燃烧处理，按公式（2）～（5）计算。

168. 提质煤排放因子 钢铁企业使用提质煤作为化石燃料，如果只有固定碳含量和高位发热量检测值，如何计算排放因子？

答： 企业可按照《中国煤炭分类》（GB/T 5751）先找出所属煤种，然后根据《钢铁企业核算报告指南》选择对应煤种的排放因子推荐值。

169. 焦炭含碳量 铁合金企业使用焦炭作为还原剂，然而《钢铁企业核算报告指南》未给出含碳量数据，企业也无法提供入炉焦炭含碳量检测值，那么可否使用供应商合同中规定的焦炭含碳量规格数据？

答：入炉焦炭的燃烧应按《钢铁企业核算报告指南》公式（2）～（5）计算排放量。其中排放因子可以根据指南附表 2.1 中焦炭的低位发热量、单位热值含碳量和碳氧化率等参数计算获得，其中低位发热量也可使用供应商结算凭证提供的数据。

170. 兰炭排放因子 烧结工序中，兰炭作为化石燃料燃烧，《钢铁企业核算报告指南》未给出参数默认值，那么如何取值？

答：企业可参考《其他有色金属冶炼和压延加工业企业温室气体排放核算方法与报告指南（试行）》中附录 2 中表 2 给出的兰炭排放因子推荐值。

171. 轻烧白云石排放因子 转炉炼钢需要消耗轻烧白云石，那么排放因子如何确定？

答：参考《钢铁生产中二氧化碳排放强度的计算方法　第 1 部分：带鼓风炉的炼钢厂》（ISO 14404-1）中轻烧白云石的直接排放因子，转炉炼钢消耗轻烧白云石的排放因子为 0。

172. 合金排放因子 转炉炼钢中消耗的铁合金不仅有镍铁合金、铬铁合金、钼铁合金，还可能有硅锰合金、硅铁合金以及精炼剂（硅铝钡），那么排放因子应当如何获取？

答： 铁合金用量种类繁杂，具备条件的企业可委托有资质的专业机构进行检测或采用与相关方结算凭证中提供的检测值。

173. 含碳原料排放因子 《钢铁企业核算报告指南》未提供部分含碳原材料（废钢、硅锰合金、渣钢等）的缺省排放因子，如果企业没有实测值，应该如何处理？输出的固碳产品隐含的排放是否要扣除？

答： 对于没有缺省排放因子、也没有实测值的含碳原材料，企业可采用估算方法，并给出详细的估算方法过程。输出的固碳产品隐含的排放需要扣除。

174. 矿石；炉渣含碳量 矿石、炉渣含碳量数据企业未实测，且《钢铁企业核算报告指南》未给出默认值，在进行企业法人边界核算时，其含碳量是否可以忽略不计？

答： 矿石、铁渣、钢渣中含碳极微量，且其含碳量无行业推荐值，也没有企业对此专门开展实测，因此可暂不考虑。

175. 粗钢产品 《钢铁企业核算报告指南》中的固碳产品包括的粗钢产品是指什么？

答： 粗钢产品的分类参照统计用产品分类规定（http：//www.stats.gov.cn/tjsj/tjbz/tjypflml/2010/32.html）。

176. 辅助工序 某钢铁企业除补充数据表中已经明确列出的炼焦、炼铁等工序，还有采矿、选矿、矿浆输送站、动力、供水、环保、机修、仓储等10多个辅助生产系统和众多浴室、办公楼附属系统。但是，许多辅助、附属系统并不单独计量电力热力消耗量，是否可以用全厂总消耗量减去已明确列出工序的消耗量之和作为其他辅助工序消耗量填入？

答：其他辅助工序是指补充数据表中列出的各主要工序以外的工序，可以用全厂总消耗量减去明确列出工序的消耗量之和作为其他辅助工序的消耗量。同时，需要注意核算边界。采矿、选矿等属于矿山企业温室气体排放的活动不在钢铁企业补充数据表中填报。

（二）水泥行业

177. 核算边界 水泥企业除了水泥熟料生产线以外还有矿渣微粉和冶金辅料生产线，请问这两条生产线的碳排放数据需要在补充数据表中体现吗？

答：填写补充数据表时，只需填报各水泥熟料工段的补充数据。

注：水泥熟料、矿渣微粉和冶金辅料的生产工艺没有任何关系，且单独存在。

178. 核算边界 石灰石、钢渣等入厂后的破碎（不是矿山破碎）用电是否纳入补充数据表边界？

答：不纳入核算边界，因为水泥行业补充数据表的边界是从均化开始的。

179. 燃煤热值 **某水泥企业根据盘库计算得到各月化石燃料燃烧的燃煤消耗量，并检测了每批次入厂煤和每日入窑煤的收到基低位发热量，请问计算燃煤月度以及全年平均收到基低位发热量时应分别以哪个煤量为权重？**

答：燃煤月度平均收到基低位发热量数值采用每月各批次或每日到厂煤收到基低位发热量加权计算得到，权重为每批次或每日到厂煤量。全年平均收到基低位发热量根据全年每批次或每日到厂煤收到基低位发热量加权平均计算获得，权重为全年各批次或每日到厂煤量。当到厂煤数据不可获得时，可采用入窑煤的数值。

180. 烟煤热值 **水泥企业烟煤低位热值缺省值是使用《中国水泥生产企业温室气体排放核算方法与报告指南（试行）》（以下简称《水泥企业核算报告指南》）的原煤缺省值还是可以使用其他行业的烟煤缺省值？**

答：水泥企业低位热值应通过各批次到厂原煤的低位热值加权平均计算获得，权重为各批次的到厂煤量。各批次煤的低位热值的实测方法应遵循《煤的发热量测定方法》（GB/T 213）。通过《煤的工业分析方法》（GB/T 212）获得的低位热值不予采信。如某批次的燃煤低位发热量无实测，或测量方法不符合要求时，则该批次取 26.7 GJ/t 或国家碳交易主管部门公布的最新参考值。

181. 窑头粉尘和旁路放风粉尘 **窑头粉尘和旁路放风粉尘具体指什么？《中国水泥生产企业温室气体排放核算方法与报告指南（试行）》中没有明确定义，企业在测量、报告以及核查机构核查时容易产生歧义，请给出这两项数据的明确定义。**

答：窑头粉尘和旁路放风粉尘具体指水泥窑通过窑头排气筒、旁路放风排气筒排放到大气中的粉尘（注意：不是指按照环保要求通过旁路放风排气筒、窑炉排气筒回收的粉尘）。水泥窑通过旁路放风排气筒、窑炉排气筒的回收措施，降低了排放到大气中的粉尘的浓度，但不能完全回收。窑头粉尘和旁路放风粉尘的质量就是指现有技术没能回收的排放到大气中的粉尘的质量。

182. 窑炉粉尘；旁路粉尘 水泥行业在企业碳排放补充数据核算报告中需要核算窑炉粉尘、旁路粉尘的排放数据吗？

答：水泥行业在企业碳排放补充数据表中不需要核算窑炉粉尘、旁路粉尘的排放数据。

183. 氧化钙；氧化镁含量 如何理解并计算“熟料中不是来源于碳酸盐分解的氧化钙氧化镁含量”？

答：熟料中的氧化钙和氧化镁，大部分来源于石灰石等天然碳酸盐矿石原料，也有部分可能来源于非碳酸盐形式存在的钙、镁质原料。

非碳酸盐形式存在的钙、镁质原料是指在水泥熟料生产中可以替代天然碳酸盐矿石原料的非碳酸盐工业废弃物，主要为经过高温煅烧的废渣，如电石渣、钢渣、黄磷渣、铜渣、硫酸渣、镍铁渣、赤泥、煤渣（电厂煤燃烧后的飞灰和炉渣）、粉煤灰、火山灰、污泥，以及明确不含碳酸钙/碳酸镁的原料，如氟化钙原料和硫酸钙原料（萤石、石膏）等。在计算熟料中不是来源于碳酸盐分解的CaO、MgO的含量时，应采用水泥行业补充数据表中给出的计算公式，该处理方式同时适用于补充数据表和企业边界排放量的计算。如数据缺失，可按0计算。

184. 碳酸钙分解；水泥熟料产量 水泥企业核算中原料分解产生的排放为什么不以进厂石灰石的量作为核算依据，而是以水泥熟料产量作为核算依据呢？

答：以水泥熟料产量作为核算依据相对可靠、简单。以进厂石灰石的量作为核算依据，可能导致核算的排放量数据不准确，原因包括：（1）石灰石库存量的干扰；（2）除石灰石外，其他原料如黏土、砂岩、煤矸石中的碳酸盐也会分解产生二氧化碳。

185. 替代原料；建筑垃圾 某水泥企业的生料配料中含有建筑垃圾（硅质、铁质、铝质），请问建筑垃圾（硅质、铁质、铝质）算非碳酸盐替代原料吗?

答： 建筑垃圾的来源、成分比较复杂，有的含碳酸盐成分，需具体情况具体分析。如不含碳酸盐成分，则算非碳酸盐替代原料。如含有碳酸盐成分，则不算非碳酸盐替代原料。

186. 煤矸石 某水泥企业的生料配料中含有煤矸石，请问煤矸石算非碳酸盐替代原料吗?

答： 不算。在煤矸石中 CaO 一般以块状石灰石的形式存在，MgO 一般以白云石、菱镁矿的形式存在，也就是说，一般情况下 CaO 和 MgO 均以碳酸盐形式存在，因此不属于非碳酸盐。

187. 煤矸石和高碳粉煤灰排放 水泥企业只有个别月份在配料中添加煤矸石、高碳粉煤灰。在此情况下，计算生料中非燃料碳煅烧的排放量，生料消耗量取全年消耗量，还是仅取只有添加煤矸石和高碳粉煤灰的月份的生料消耗合计量?

答： 计算生料中非燃料碳煅烧的排放量应使用全年的生料消耗量；当存在只有个别月份添加煤矸石、高碳粉煤灰时，应按月分别计算排放量，并将 12 个月累加后得到全年的排放量。在计算时，依据《水泥企业核算报告指南》的要求，生料中非燃料碳含量可取 0.1%～0.3%（干基），生料采用煤矸石、高碳粉煤灰等配料的月份取高值，不采用的月份取低值。

188. 高碳粉煤灰 高碳粉煤灰的判定标准是什么？

答：高碳粉煤灰一般指含碳量为 15%～30% 的粉煤灰。

189. 煤矸石 生料配料中添加煤矸石的情况下，煤矸石是否需要按化石燃料燃烧排放计算并填写在补充数据表中？

答：煤矸石算入生料中非燃料碳煅烧，不需要算入化石燃料燃烧，不需要填写在补充数据表中。

190. 白生料；非燃料碳 水泥企业使用白生料法，非燃料碳应该如何计算？

答：目前企业普遍使用的回转窑生产工艺，属于白生料法。依据《水泥企业核算与报告指南》的要求，生料中非燃料碳含量可取 0.1%～0.3%（干基），生料采用煤矸石、高碳粉煤灰等配料时取高值，否则取低值。当存在只有个别月份添加煤矸石、高碳粉煤灰时应按月分别计算排放量，并将 12 个月累加后得到全年的排放量。

191. 余热发电；余热发电供热 某水泥生产企业使用了余热发电企业生产的电量，但是余热发电企业的热是由该水泥企业提供，请问从余热发电企业购买的电量如何计算排放量？该水泥企业供应的热量如何计算排放量？

答：针对企业法人边界的核算，不需要区分使用电力和热力来源。其中，对水泥企业的外购电量的排放，需要按照外购电量 × 区域电网排放因子计算；对于水泥企业的外输热量的排放，则按照外输热量 × 热力供应的排放因子（0.11 t CO_2/GJ）计算。

针对补充数据表的核算，水泥生产企业需报告熟料生产工段电力消耗的排放，此时需要区分电量来源，其中外购余热发电的电量，对应的排放因子为 0；外购电网的电量，对应的排放因子为补充数据中给出的全国电网平均排放因子。水泥生产企业需报告熟料生产工段热力消耗的排放，此时只考虑工段消耗的热量，不考虑外输热量。

192. 加权平均排放因子 对于同时存在外购电力以及自备余热发电机组的水泥企业，无法知道具体各工序所用电量中外购电量以及自备余热电站电量的消费量，如何填写补充数据表中“熟料生产工段”消耗的电力“加权平均排放因子”？

答：加权电力排放因子 = 全厂（电网购入电量 + 自备电厂供电量）×（电网排放因子）/ 全厂（电网购入电量 + 自备电厂供电量 + 余热供电量）。

193. 加权平均排放因子 存在余热机组的熟料生产企业，在计算补充数据表电力排放因子时用余热发电量加权（相当于余热机组是熟料工段一部分）还是余热供电量加权（相当于余热机组不是熟料工段一部分）？

答：根据现行发布的《水泥生产企业温室气体排放报告补充数据表》，采用余热供电量加权。

（三）平板玻璃

194. 其他玻璃生产企业 其他玻璃生产企业（日用玻璃、玻璃工艺品等）应选用其他行业核算报告指南还是《中国平板玻璃生产企业温室气体核算方法与报告指南（试行）》（以下简称《平板玻璃企业核算报告指南》）？

答：其他玻璃生产企业按照《平板玻璃企业核算报告指南》进行核算。

195. 余热发电；净购入热力 某玻璃生产企业存在合同能源管理下的余热发电，但外输热量未进行计量，因此净购入热力无法进行扣除，应如何进行估算？

答：企业法人边界报告时，可按如下方式处理：

（1）若玻璃企业实行合同能源管理的方式，由第三方进行余热发电，这种情况由于无法明确合同能源管理的具体商业模式，且在合同能源管理的合同期内和期外合同能源管理涉及设备的所有权不同，故暂时考虑这类情形的余热电站算作玻璃企业自己运行的余热电站，包含在企业边界内。

（2）若余热发电装置的所有权确属于其他法人实体，余热发电装置不应纳入玻璃企业的边界内，玻璃企业法人边界的报告中，外输热量应扣除，而购入电力应包含从余热发电装置购入的电。若外输热量未计量，企业法人边界的报告中可根据保守性原则将输出热计为 0。

补充数据表报告时，只核算平板玻璃生产线消耗的热力和电力，并分别按照不同来源的加权排放因子核算排放量。

196. 天然气制氢气 某玻璃企业用天然气制氢气作为保护气，是否需要核算该过程排放？

答： 企业法人边界需要核算该过程排放。根据《平板玻璃企业核算报告指南》的规定："如果平板玻璃生产企业还生产其他产品，且生产活动存在温室气体排放，则应按照相关行业的企业温室气体排放核算和报告指南，一并核算和报告。"因此，企业可以依据《中国化工生产企业温室气体排放核算方法与报告指南（试行）》（以下简称《化工企业核算报告指南》）或《中国石油化工生产企业温室气体排放核算方法与报告指南（试行）》（以下简称《石油化工企业核算报告指南》）中碳质量平衡法进行计算，并将计算结果一并报告。

197. 低位发热值 《平板玻璃企业核算报告指南》中未提供烟煤、无烟煤低位发热值，该如何选取？

答： 参考《温室气体排放核算与报告要求　第 7 部分：平板玻璃生产企业》（GB/T 32151.7—2015）中附录 B 的表 B.1。

198. 石油焦浆；石油焦粉 平板玻璃企业有石油焦浆、石油焦粉两种燃料，但《平板玻璃企业核算报告指南》附表没有给出这两种燃料的热值、含碳量、碳氧化率的缺省值，该如何取值？

答： 石油焦浆可参考《石油化工企业核算报告指南》、《中国独立焦化企业温室气体排放核算方法与报告指南（试行）》附表提供的石油焦（液体燃料）缺省值；石油焦粉可参考《其他有色金属冶炼和压延加工业企业温室气体排放核算方法与报告指南（试行）》附表提供的石油焦（固体燃料）缺省值。

199. 消耗电力热力排放 某平板玻璃企业燃烧石油焦，余热尾气无偿给另一家环保公司（在平板玻璃企业厂界内）进行余热发电，然后环保公司发出的电力（不上网）又以市场价九折卖给平板玻璃企业，同时这家平板玻璃企业厂界内有光伏发电但归口另一家新能源公司管理，新能源公司光伏发出的电力先上网再卖给这家平板玻璃企业，以上情况电力和热力部分的排放应该如何计算？

答：（1）在核算企业法人边界排放时，应扣减外供余热对应的排放量，同时应核算外购的余热和光伏所发电力对应的排放量，排放因子用区域电网排放因子。

（2）在填报《平板玻璃行业补充数据表》时应以玻璃生产线为核算边界，填写玻璃生产线消耗的热量。在计算消耗电力对应的排放量时，消耗电量应区分电力来源，分别填报电网电量、自备电厂电量、可再生能源电量及余热电量；消耗电力对应的排放因子应根据电力消耗的来源进行加权平均，其中，电网购入电力和自备电厂供电对应的排放因子采用全国电网平均排放因子，可再生能源发电和余热发电，无论自产还是外购，排放因子均为0。

（四）电解铝

200. 产品代码 某企业的行业代码是铝压延加工业，产品实际是电解铝铝液和铝锭，是否纳入核算核查范围？

答：按实际生产产品，应纳入核算报告和核查范围。

201. 产品代码 某公司行业代码为3216（铝冶炼），产品为铝锭，但无电解铝生产工序，请问适用什么行业核算报告指南？

答：企业法人边界填写按《中国电解铝生产企业温室气体排放核算方法与报告指南（试行）》核算（以下简称《电解铝企业核算报告指南》），补充数据报表层面无须填报。

202. 核算边界 某电解铝行业中还原剂炭阳极是自己生产的，计算排放量的时候是否需要按石化的核算方法学核算炭阳极生产的排放量？

答：企业法人边界需要核算该过程排放。企业可以依据《化工企业核算报告指南》或《石油化工企业核算报告指南》中碳质量平衡法进行计算，并将计算结果一并报告。

补充数据表边界无须核算该过程的排放。

203. 阳极效应排放因子 某电解铝企业阳极效应平均每天每槽持续时间很长，由此计算出的CF_4、C_2F_6排放因子超出推荐值10倍，这时核算排放因子是采用实测值，还是采用推荐值0.034、0.0034？

答：具备条件的企业可采用国际通用的斜率法经验公式测算本企业的阳极效应排放因子。具体公式请参见《电解铝企业核算报告指南》。若不具备条件，采用缺省值计算。

需要注意的是，排放因子的确认方法需要在数据质量控制计划（监测计划）中确定下来，每年的核算都需严格按数据质量控制计划（监测计划）的规定实施。

（五）其他有色金属（铜冶炼）

204. 原料燃料计量 铜冶炼企业中，无烟煤、天然气和焦炭同时作为燃料和原料时，无分开计量，如何处理？

答：统一按燃料计，同时注意与数据质量控制计划（监测计划）保持一致。

205. 还原剂排放因子 铅冶炼企业中，使用烟煤作还原剂，其他有色金属核算报告指南未给出排放因子默认值，如何处理？

答：可根据《其他有色金属冶炼和压延加工业企业温室气体排放核算方法与报告指南（试行）》中附录二表 1，根据烟煤低位发热量 × 单位热值含碳量 × 100% × 44/12 计算。

（六）化工

206. 产品代码 某企业排污许可证和营业执照行业类别为 3099，但产品为碳化硅（生产采用艾奇逊电阻炉工艺，原料为灰分低于 6% 的无烟煤精煤和二氧化硅含量大于 99% 的石英砂，工艺流程主要由配料、装炉、通电冶炼、停电冷却、出炉、破碎分级组成）。无法明确界定其行业类别是否可划归为化工行业的 2613。请问是否要对该企业进行碳核查？

答：碳化硅属于 C2613“无机盐制造”中的碳化物，该企业在碳排放报告核查工作范围。

207. 产品代码 (1) 化工企业产品种类多，有主营产品和副产品，副产品的产量和排放量都很小，但是产品代码属于纳入范围，是否要填报补充数据表？(2) 如何准确界定纳入碳交易的“主营产品”，请给出清晰的纳入阈值。

答：（1）产品代码属于纳入范围，产量和排放量都很小的副产品仍需要填报补充数据表。（2）纳入全国碳排放权交易的产品指国家主管部门发布的最近年份《覆盖行业及代码》所列出的产品。无论是主营产品还是副产品，只要产品的代码在文件规定的范畴就纳入。

208. 产品代码 在填报补充数据表中，被核查企业有两种化工产品产生，该企业排污许可证上为钾肥制造，产品为硝酸钾和氯化铵，两种产品相伴产生，但是两种产品的能耗分不开，这种情况下，在补充数据表中的主营产品名称、主营产品代码、主营产品产量怎么填写？

答：若企业确实无法拆分两种产品，可合并填报在一张其他化工补充数据表里，主营产品名称、代码、产量均填写两种产品实际对应的内容。若化石燃料燃烧、消耗电与热力等数据无法拆分可以合并填报。同时，应注意和数据质量控制计划（监测计划）保持一致。

209. 产品代码 合成乙醇（产品统计代码中说明一元醇不包含合成酒精）是不是应该纳入报告核查范围？

答：乙醇是常见的一元醇，其生产工艺多为粮食发酵法和乙烯水合法，应纳入报告核查范围。

210. 产品代码 某化工企业国民经济行业分类代码为2614，但无乙烯生产，请问是否需要核算和报告？

答：需要核算和报告。

211. 适用核算报告指南 是否所有的乙烯生产企业都按照《石油化工企业核算报告指南》核算？

答：石油烃类裂解制乙烯的企业按照《石油化工企业核算和报告指南》要求进行核算；利用甲醇原料生产乙烯按照《化工企业核算报告指南》进行核算。

212. 适用核算报告指南 某企业的主行业是铅锌冶炼，不在纳入核查的行业范围内，但生产过程中的产品有硫酸，而且排放量较少，这种情况纳入化工行业进行核查吗？核查的话法人边界的排放量需要包括铅锌冶炼吗？

答：不纳入化工行业核查。企业法人边界的排放应包含所有的排放源。

213. 补充数据表填写 某企业有3个分厂：洗煤厂、焦化厂、甲醇厂。八大行业的补充数据表中，甲醇厂有对应填写的补充数据表，那洗煤厂和焦化厂的碳排放用哪个补充数据表？需要3个分厂各自填写属于自己的补充数据表吗？

答：甲醇厂填写单独的补充数据表，洗煤厂和焦化厂不需要填写。

214. 补充数据表填写 某企业生产碳酸氢铵和尿素，请问是否需要填写化工补充数据表？

答：碳酸氢铵需要填写其他化工产品补充数据表，尿素需要填写尿素生产补充数据表。

215. 补充数据表填写 某化工企业生产的合成氨全部用于下一环节氯化铵的生产，那么，该企业是否需要填写合成氨的补充数据表？

答：化工企业中，生产合成氨的环节需要按照合成氨分厂或者车间作为边界填写补充数据表，具体参考《化工生产企业（合成氨生产）温室气体排放报告补充数据表》；下一环节氯化铵的生产，参照《化工企业（其他化工产品生产）温室气体排放报告补充数据表》进行填报。

216. 补充数据表填写 某家煤制油企业，煤制甲醇后，甲醇全部用于生产聚乙烯和聚丙烯，这种情况是否还要填甲醇车间的补充数据表？聚乙烯和聚丙烯是填石化行业的乙烯补充数据表，还是填化工其他类别呢？

答：甲醇生产需要单独填报补充数据表，聚乙烯和聚丙烯生产填化工生产企业（其他化工产品生产）补充数据表。

217. 补充数据表填写 某企业的主营产品有原料生产淀粉、味精、谷氨酸、苏氨酸、复混肥、赖氨酸等，请问补充数据表里的主营产品该填什么？用复混肥产品产量计算出来的企业层级碳排放强度根本反映不出来实际的强度变化，如何处理？

答：以上产品中只有复混肥（产品代码为 260422）需要填写补充数据表。

补充数据表获得的结果反映的是该种产品的碳排放强度，不反映企业层级的碳排放强度。

218. 补充数据表填写 化工企业中，动力车间所消耗的化石燃料是否需要填写补充数据表？（动力车间不属于任何化工产品生产车间，动力车间所提供的蒸汽等已在化工产品生产车间进行计算。）

答： 动力车间所消耗的化石燃料不需要填写补充数据表。

219. 补充数据表填写 某企业是煤制烯烃化工，只有聚乙烯、聚丙烯两个产品，补充数据表只有聚氯乙烯，请问企业还需要填报补充数据表吗？

答： 聚乙烯、聚丙烯产品可填报其他化工产品生产补充数据表。

220. 补充数据表填写 合成氨行业，大部分合成氨只是中间产品，末端产品为碳酸氢铵等，这类情况，是分别填报合成氨补充数据表和碳酸氢铵（其他化工）补充数据表，还是将碳酸氢铵作为碳输出填报在合成氨补充数据表里？如果是分开填报，那合成氨的碳输出如何填写？不填，还是填碳酸氢铵吸收的二氧化碳？

答： 需要填报合成氨补充数据表和碳酸氢铵（其他化工产品）补充数据表。合成氨的碳输出不需填写碳酸氢铵吸收的二氧化碳。

221. 燃料碳氧化率 甲醇按《化工企业核算报告指南》含碳量缺省值取值为 0.375，碳氧化率取值多少？

答： 如果甲醇作为燃料燃烧按液体燃料 98% 取值。如果甲醇作为原材料计算工业生产过程排放，用《化工企业核算报告指南》中公式（8）计算，无须碳氧化率。

222. 能源作为原材料的确认 化工补充数据报表“能源作为原材料”中“能源”如何定义？原材料醚前碳四、石脑油、甲醇（用来生产 MTBE 以及醚后碳四等产品）是否可视为能源？

答：补充数据表中“能源作为原材料”中的能源指的是《综合能耗计算通则》（GB/T 2589）中的非可再生能源。建议先分析一下生产过程中是否会产生温室气体排放，如果没有过程排放，补充数据表中不填报；如果存在过程排放，需要按“能源作为原材料”处理并计算“能源作为原材料产生的排放量”。

223. 能源作为原材料的确认 甲醇制烯烃生产中原料甲醇是否需要按“能源作为原材料”处理？

答：补充数据表中“能源作为原材料”中的能源指的是《综合能耗计算通则》（GB/T 2589）中的非可再生能源。从反应机理上甲醇制取烯烃不产生二氧化碳，建议先分析一下实际生产过程中是否会产生二氧化碳过程排放，如果没有过程排放，不填报；如果存在过程排放，原料甲醇需要按“能源作为原材料”处理并计算“能源作为原材料产生的排放量”。

224. 能源作为原材料的确认 粗苯若作为化工生产的原材料，在填写化工行业补充数据表时，是否需要将粗苯作为能源含碳输入计算碳输入和输出产生的排放？

答：补充数据表中“能源作为原材料”中的能源指的是《综合能耗计算通

则》（GB/T 2589）中的非可再生能源。建议先分析一下生产过程中是否会产生温室气体排放，如果没有过程排放，补充数据表中不填报；如果存在过程排放，原材料粗苯需要按“能源作为原材料”处理并计算“能源作为原材料产生的排放量”。

225. 能源作为原材料的确认 化工企业补充数据表中“能源作为原材料的投入量”一项，是否只考虑“能源”作为原材料的情况？如某纯碱生产企业，其原材料为石灰石和焦炭（石灰石不是能源），是否只填写焦炭的消耗数据，但如果只填焦炭数据将会导致该过程排放量为负值，如果同时填写石灰石数据，该原材料又不是能源，与补充数据表的描述存在冲突，该如何解决这一问题？

答： 当作为碳输出的产品中的碳既来自能源原材料又来自其他非能源含碳原材料时，且无法分开计量输出产品中多少碳来自能源原材料，多少碳来自非能源原材料时，需将能源作为原材料和非能源原材料全部计入补充数据表碳输入项。

226. 能源作为原材料的确认 某些企业产品是含碳物，而原材料不是能源，是否需要作为碳输入？例如某企业使用醋酸和醋酐生产氯乙酸。产品氯乙酸中的碳来自原材料醋酸和醋酐，而醋酸和醋酐不是能源，则能源作为原料输入为 0，产品氯乙酸却有碳流出，结果为负值。

答： 没有能源作为原材料输入，不用填写补充数据表。

227. **能源作为原材料的确认** 某化工企业主要生产有机农药类产品，主要产品为草铵膦，企业生产中采用甲醇、甲醛等含碳原材料和碳酸盐作为原材料，不使用天然气等能源类原材料，其他化工补充数据表部分只列出了能源作为原材料产生的排放，请问甲醇等含碳原材料及碳酸盐是否需要在其他化工补充数据表中能源作为原材料部分进行填报，若需要将这两类原材料进行填报，甲醇等含碳量采用分子式推算是否可行，碳酸盐含碳量是否采用排放因子 ×12/44 进行推算？

答：将甲醇作为能源含碳原材料进行填报，含碳量可采用分子式结合纯度计算。

228. **非能源含碳原辅材料** 化工生产企业（其他化工产品生产）补充数据表中能源作为原材料产生的排放量中，其他非能源的含碳原辅材料是否要纳入计算？

答：其他非能源的含碳原辅材料暂不纳入计算。

229. **天然气视为燃料还是原材料** 天然气作为原材料合成氨的企业，天然气的用途可以分为燃烧用和作原材料用，其中燃烧是在一段转化炉内燃烧。请问是将天然气统计为原材料还是分为原材料和燃料两部分？

答：一并按照原材料统计。

230. **天然气视为燃料还是原材料** 用天然气生产碳酸氢铵，燃料和原材料均为天然气，生产过程中的尾气返回一段转炉燃烧，燃烧的天然气和原材料天然气无法单独计量，是否可以全作为原材料天然气核算碳排量？

答： 可以全部视作原材料天然气进行核算。

231. **碳平衡法计算** 化工行业煤制天然气，产物包括甲烷、氮气、其他烷烃混合物（C_nH_m）、CO_2，采用碳平衡法计算企业碳排放。（1）作为最终产物的这部分 CO_2 是视为含碳产品或含碳废物在碳平衡法中扣减，还是计入企业碳排放？（2）最终产物中的其他烷烃混合物（C_nH_m）成分无法确定，只知道该烷烃混合物的浓度，请问在用碳平衡法计算企业碳排放时，这部分烷烃的含碳量如何计算？

答： 最终产物中的 CO_2 不属于含碳产品或含碳废物，计入企业碳排放。企业可委托有资质的专业机构定期检测其他烷烃混合物的含碳量，企业如果有满足资质标准的检测单位也可自行检测。

232. **碳平衡法计算** 对于化工企业，如果其生产过程中根据反应机理并不存在二氧化碳或者其他温室气体，则是否需要通过碳平衡来计算工业生产过程的排放？

答： 如果根据反应机理，化工生产过程中不存在二氧化碳或者其他温室气体排放，不需要通过碳平衡来计算其工业生产过程的排放。

233. 含碳输入；输出物 根据《化工企业核算报告指南》，作为原材料的碳流入主要为化石燃料和其他碳氢化合物，那么生物质（如木薯淀粉、蔗渣纤维、糖蜜等）作为反应原材料，是否将生物质作为碳流入进行排放量计算呢？生物质原材料产出的产品、二氧化碳回收外供等是否也应纳入碳流出进行计算呢？

答：目前的企业温室气体报告制度不要求核算和报告生物质原材料及生物质燃料携带的碳及其去向。因此，化工企业若原材料为生物质（如木薯淀粉、蔗渣纤维、糖蜜等），不作为碳流入。在可以肯定这些产品或二氧化碳中的碳源自生物质原材料或生物质燃料的情况下，生物质原材料产出的产品、二氧化碳回收外供等也不应作为碳输出进行计算。

234. 含碳输入物的含碳量 电石生产消耗的电极糊属于能源作为原材料的投入量，如何确定低位发热量与单位热值含碳量缺省值？

答：建议优先选用企业实测值（方式 4），若无实测值，建议采用 1 tC/t 电极糊作为缺省值，此值为目前多种来源缺省值的最大值。

235. 含碳输出物的计量 某化工企业，生产原材料为某种含碳生物质 + 含碳非生物质，生成一种产品，即产品中的碳来源于这两个原材料，请问如何进行碳源流计算？

答：如果无法拆分产品中生物质以及非生物质碳的含量，则将原材料的碳含量均视为非生物质碳。

236. 含碳输出物的含碳量 **化工生产过程中，化学反应生产的一些副产物，企业无计量，也无法估算，所以无法完整核算企业碳输出，请问如何处理？**

答：如果企业不能提供计量数据，建议按保守性原则，此部分副产物的碳输出计为 0。

237. 含碳输出物的含碳量 **煤制氢工艺的造气过程中，某企业对原煤反应产生的炉渣、粉尘、污泥未计量统计，也未对炉渣等废物的含碳量进行测量，该如何计算该过程的碳排放量？**

答：在其他含碳输出物（包括炉渣、粉尘、污泥）未统计计量，含碳量也未测量时，可将它们含碳输出物的量及含碳量均计为 0。

238. 含碳输出物的含碳量 **某家生产甲基叔丁基醚（MTBE）和轻芳烃的化工企业，只计量了主要碳输入原材料（醚后碳四）的消耗量和主要碳输出产品（MTBE、重、轻芳烃）的产量，未检测它们的含碳量，且分子式均不可得，其含碳量如何取值？**

答：企业首先应分析生产过程中是否会产生温室气体排放，如果没有排放，则可以不填报相关数据；如果有排放，则需要检测相关物质的含碳量。无实测条件的企业，对于纯物质可基于化学分子式及其中碳原子的数目计算含碳量，对于其他物质可参考行业标准或相关文献取值。

239. 含碳输出物的含碳量 请问化工电石生产企业核算中，工业过程核算时是否应当扣除炭材除尘灰输出的碳？炭材除尘灰作为副产品卖出，如要扣除但无含碳量数据怎么处理？

答： 需要扣除炭材除尘输出的碳，但若缺乏含碳量数据，按保守性原则取 0。

240. 含碳输出物的含碳量 电石炉气净化过程中产生的除尘灰是否考虑碳输出？含碳量该如何选取？

答： 电石炉气除尘灰需考虑碳输出，电石炉气除尘灰与炉渣的含碳量相近，可对炉渣的含碳量进行检测，作为电石炉气除尘灰的含碳量。但若缺乏含碳量数据，按保守性原则取 0。

241. 碳酸盐含量 磷化工中磷矿石碳酸盐的含量，若企业无实测值，该如何确定？

答： 优先采用供应商提供的数据或相关文献中提供的数据。也可保守处理按 100% 计算。

242. 硝酸生产排放 某化工企业有硝酸装置，填写补充数据表时需要输入硝酸生产过程的一氧化二氮（N_2O）排放，那么在按照补充数据核算报告模板填报的二氧化碳（CO_2）排放总量时，是否需要涵盖 N_2O 排放？（因为模板上企业法人边界是填写温室气体排放总量，单位为 t CO_2 当量；而补充数据表核算报告模板填报的是 CO_2 排放总量，单位为 t。）

答： 硝酸生产企业的补充数据表需要涵盖 N_2O 排放。

243. 空分装置消耗电热 某化工企业同时生产多个化工产品，需要填报多个补充数据表，甲醇是其中之一。该企业的空分装置同时生产仪表空气、工艺空气、氧气、低压氧气、0.4 MPa 氮气、0.8 MPa 氮气、8 MPa 氮气 7 种产品供应全厂各车间，其中甲醇车间消耗 16% 的仪表空气、100% 的氧气、100% 的 0.4 MPa 氮气、6% 的 0.8 MPa 氮气、94% 的 8 MPa 氮气，不消耗低压氧气和工艺空气。该企业认为空分装置是为全厂服务的，不应将空分所有电力热力消耗对应的排放都计入甲醇车间。另外，该企业虽然对各车间消耗的各种空气量有统计，但无法将空分总耗电量耗热量拆分至各种空气产品。请问这种情况如何解决？

答：根据空分装置生产不同产品的过程情况，计算出单位产品仪表空气、工艺空气、氧气、低压氧气、0.4 MPa 氮气、0.8 MPa 氮气、8 MPa 氮气 7 种产品的单位产品耗能量（电力热力）和碳排放量，各车间按不同产品的用量计算其应分摊的碳排放量。其中，单位产品的耗能量（电力热力）计算方法由空分制造车间提供。企业后续应制定和实施数据质量控制计划（监测计划）。

244. 自备电厂 含自备电厂的化工企业，自备电厂排放如何核算？净购入电力如何核算？

答：把自备电厂作为独立核算单位，单独在信息平台上参考《企业温室气体排放核算方法与报告指南 发电设施》中的核算方法单独核算报告发电设施温室气体排放量及相关信息。在企业法人（含自备电厂）边界，净购入电力核算方法为：以企业法人为边界，企业外购电力扣减企业外供电力（含自备电厂的外供电力）。

245. 余热发电 某化工企业利用硫精矿生产硫酸产品，自备电厂为利用硫精矿在沸腾炉内焙烧所产生的余热进行发电，该企业自备电厂发电过程没有采用化石燃料。并且企业提供的硫精矿原材料化验报告显示硫精矿成分以硫（S）、铁（Fe）、二氧化硅（SiO_2）为主（约 93.9%），几乎没有碳。该自备电厂是否需要核算温室气体排放量？

答：采用余热发电的自备电厂，企业法人边界无须核算温室气体排放。化工补充数据表边界，余热发电排放因子为 0。

246. 合成氨炉渣 合成氨企业生产过程中造气炉产生的炉渣，一小部分回收到企业的自备电厂的燃煤锅炉中利用，其余均运输至另外一家企业控制的废渣仓库中。回收利用和运输至外部的废渣未做产生量、含碳量、热值等的测定。但通过经验判断，炉渣的产生量以及其中的含碳量折合成的 CO_2 排放量可以占到企业现有核算排放量的 10% 左右。这种情况该如何处理？

答：合成氨生产过程产生的含碳废渣和飞灰，需建立数据质量控制计划（监测计划）对产生量及含碳量进行监测。如未监测，则按 0 处理。

247. 合成氨 合成氨生产过程副产蒸汽，热力消耗为负值，如何计算？合成氨原料气净化脱硫使用的含碳物料用不用计入 CO_2 排放？填写要求里没有这方面说明，合成氨使用的原材料煤炭是以入厂数据，还是以入炉数据为准？

答：补充数据表填写的热力消耗量，只考虑生产过程消耗的热量，不扣减输出蒸汽的热量；在补充数据表中，关于合成氨原料气净化脱硫使用的含碳物料不计入碳排放；以企业实际用于合成氨生产的数量为准，以入炉数据作为计算依据。

248. 白灰窑；电石炉气 自备的白灰窑是否纳入电石分厂（或车间）补充数据表核算边界？从电石炉回收的炉气净化后全部供给白灰窑，是否需要将供给白灰窑的电石炉气视为含碳输出物？电石炉气的含碳量如何确定？

答：白灰窑不纳入电石分厂（或车间）补充数据表核算边界。需要将供给白灰窑的电石炉气视为含碳输出物。关于电石炉气含碳量的数据，有以下几种情况：（1）企业针对电石炉气未开展任何检测，无数据支撑，则采用《化工企业核算报告指南》附表 2.1 提供密闭电石炉气“低位发热量 × 单位热值含碳量”缺省值，计算出含碳量；（2）若企业对电石组分有检测：如检测其中含碳物质 A［如一氧化碳（CO）］体积分数为 a%、含碳物质 B 体积分数为 b%，则可根据全年组分检测的加权平均数据测算出其中含碳物质 A、B 的体积分数，用体积分数分别乘以含碳物质分子式含碳量，得出电石炉气的含碳量。

249. 电石炉气 某电石企业配套纯回收炉气发电装置，所发电力并入专网，缴纳过网费全部下网自用，是否需要将这部分回收发电的炉气视为电石车间补充数据表的外供产品？自发自用电力的排放因子该如何确定？

答：回收炉气发电装置纳入电石生产补充数据表核算边界，回收气不视为输出产品，电石生产消耗自备电厂的电力排放因子按 0 计算。

250. **电石烘干炉** 电石生产补充数据表中没有化石燃料燃烧排放，但是核算边界中包含了烘干炉，请问烘干炉的炭材消耗如何填报？能源作为原材料的投入量取炭材烘干前，还是入电石炉的量？如果取入电石炉的量，其中的含水量一般在 1% 左右，采用缺省值，会导致最后计算的排放量偏小，这种情况如何处理？

答：烘干炉提供的热量已在补充数据表的“2.4 消耗热力对应的排放量”中体现；作为原材料投入的能源中，电石炉炭材（焦炭、兰炭等）消耗量取炭材烘干后入电石炉之前的炭材量。

251. **甲醇驰放气** 焦炉煤气制甲醇，产生的驰放气（相当于尾气，包含有 CO、CO_2、CH_4 等含碳成分）一部分回炉燃烧掉，一部分外供给别的厂，那么自用燃烧掉这部分是不是不用扣减，而外供给别人的这部分要减去？

答：驰放气自用燃烧部分可以不扣减。外供（供出边界）的部分需扣减其中的 CO 及 CH_4 等非 CO_2 的含碳组分。

252. **甲醇生产输出物碳含量** 甲醇生产聚甲醛的生产过程中的产品为共聚甲醛，企业不测产品的碳含量，产品存在两个单体，且两个单体在碳链中的比例不确定，无法通过分子量来确定其碳含量；另外，企业也不检测废液及废气中的碳含量，如何计算生产过程的碳排放？

答：共聚甲醛是作为含碳产品输出，从总排放量中扣减，可以考虑采用含碳量最小的单体推算含碳量。如果企业没有检测废液及废气中的碳含量，碳含量可保守地计为 0。

253. CCS 封存 化工企业存在 CCS 封存，按全厂核算时需要扣减无疑问，填写补充数据表是否将 CCS 封存的二氧化碳在“碳产品和其他含碳输出物”处扣减？

答：在填写补充数据表时，CCS 封存的二氧化碳不予扣减。

254. 二氧化碳回收 合成氨车间收集二氧化碳并作为下游尿素车间的原材料，这些二氧化碳是否应作为含碳产品扣除？

答：合成氨车间收集二氧化碳并作为下游尿素车间的原材料，二氧化碳不作为含碳产品扣除。

（七）石油化工

255. 产品代码 “2501 原油加工”企业是否包含燃料油、渣油和其他重质油加工企业？

答：原油加工企业是指具有炼油装置的，并对原油、原料油等进行加工生产的企业。对上述原料油进行炼制生产的企业均应纳入“2501 原油加工”范围。

256. 产品代码 根据国家局统计局公布的统计用产品分类目录，原油加工量与石油产品的产品代码分别为 2501 和 2502，请问石油化工企业主营产品信息按上面哪个报？

答：根据补充数据表格，原油加工企业填报原油及原料油加工量，单位为 t。

257. 产品代码 石化行业企业如不属于生产原油加工（行业代码2501）、乙烯（行业代码 2602010201）的企业，是否需要上报碳排放数据？

答：针对企业法人边界的报告，如果满足 2020 年和 2021 年任一年温室气体排放量达 2.6 万 t CO_2 当量（综合能源消费量约 1 万 t 标准煤）及以上的，需要报告；补充数据表层面，企业如不属于生产原油加工（行业代码 2501）、乙烯（行业代码 2602010201）的企业，并且企业内部不存在自备电厂，则无须填报。

258. 适用核算报告指南 企业使用石油烃、矿物质或其他原材料进行乙烯生产的，是否仍然适用《石油化工企业核算报告指南》？

答：石油烃类裂解制乙烯的企业按照《石油化工企业核算报告指南》要求进行核算，利用甲醇原材料生产乙烯按照《化工企业核算报告指南》进行核算。

259. 适用核算报告指南 某企业是炭素生产企业，主要生产工艺是将石油焦煅烧后加沥青生成碳阳极，请问是应该用《化工企业核算报告指南》还是其他行业的核算报告指南？

答：针对企业法人边界的报告，应根据《化工企业核算报告指南》进行报告。

260. 核算方法 《中国石油化工企业温室气体排放核算方法与报告指南（试行）》，含碳量计算公式（7）中为什么除以 22.4，乘以 10？

答：除以 22.4 是标况下的摩尔体积，乘以 10 是单位转换需要。

261. 补充数据表填写 轻烃分馏装置是否属于炼油装置，是否需要填原油加工补充数据表?

答：轻烃分馏及回收装置属于炼油装置，需要填写补充数据表。

262. 补充数据表填写 某石化企业的聚丙烯装置未包含在原油生产和乙烯生产补充数据表边界内，是否需要填写补充数据表？若需要填写，是填写其他化工产品的补充数据表吗?

答：聚丙烯装置需要填写其他化工产品补充数据表。

263. 补充数据表填写 某石化企业既有炼油装置又有化工装置，那么是不是只填写原油，化工装置的原材料就不填?

答：原料油不仅指原油，燃料油等也应包括在内。企业如果既有炼油装置又有化工装置，需要分开填写。对于炼油装置，需填写原油加工量及相应补充数据表格；对于化工装置，需按照化工产品适用的补充数据表格填写。

264. 补充数据表填写 某石化厂没有炼油装置，只有催化重整、柴油加氢等，是否需要填写补充数据表?

答：催化重整、柴油加氢等属于原料油的加工，需要填写补充数据表。

265. 化石燃料燃烧排放 原油加工补充数据表中“2.1 化石燃料燃烧排放量”是否包括加热炉燃烧的渣油、汽柴油、煤，企业用于住宅小区取暖燃烧的煤算不算？车用汽柴油是不是只算生产用车消耗的，出差用车消耗的算不算？

答：补充数据表仅包括说明 2 核算边界内的装置消耗的化石燃料。住宅小区及车用能源消耗不纳入补充数据表。

266. 碳氧化率 《石油化工企业核算报告指南》中公式（8）（事故火炬）、公式（10）（烧焦）、公式（11）（制氢）、公式（12）（煅烧）、公式（15）（乙二醇）、公式（16）（其他）中需要考虑碳氧化率吗？如果需要是否有缺省值，是 0.98 吗？

答：公式（10）需乘以碳氧化率 0.98。其他公式无须考虑碳氧化率。

267. 火炬气排放 受核查方对异常火炬气流量没有进行监视测量，火炬异常排放量按照火炬设计流量进行计算，异常状态时间有记录，最终按化石燃料燃烧的方法去计算，是否合理？（火炬异常状态是指装置开停工、未正常生产等因素造成的非事故火炬）

答：可以。非正常排放时，流量一般比较大，可按设计流量计算。

268. 火炬气排放 《石油化工企业核算报告指南》要求“火炬气的 CO_2 气体浓度应根据气体组分分析仪或火炬气来源获取”，但由于火炬太高企业无法检测，如何处理？

答：可采用估算的方式，如果仍无法获取，在已知进入火炬系统的气体中

CO_2 浓度较低的情况下可近似认为 0。企业应加强数据质量控制计划（监测计划）的制订和实施。

269. 催化裂化 《石油化工企业核算报告指南》第 15 页对催化裂化装置的焦层含碳量定义："焦层的含碳量 CF_j 优先推荐采用企业实测数据，如无实测数据可默认焦炭含量为 100%。"请问这个定义的意思是在没有实测数据时，焦层默认为纯焦炭，含碳量等于"焦炭的低位发热值 28.447 GJ/t 乘以单位热值含碳量 0.029 4 tC/GJ，即 0.836 342 tC/t"？还是说，焦层的含碳量为 100%？

答：该描述指，在企业没有实测数据的情况下，只能给出一个保守估计的缺省值，即认为焦层的含碳量为 100%。

270. 催化重整 石油化工企业的芳构化对应补充数据表的原油生产吗？属于哪一类装置？

答：属于催化重整装置，涵盖在石油化工补充数据表的范围内。

271. 催化烧焦 石化企业催化烧焦是否需要计入补充数据表？

答：按目前版本的补充数据表，不包括工业过程排放，暂不需要计入。

272. 制氢装置 《石油化工企业核算报告指南》第 17 页公式与第 41 页附表 8 不一致，请问是否需要在附件 8 中加上合成气量、残渣量、合成气含碳量、残渣含碳量？

答：按照《石油化工企业核算报告指南》第 17 页公式（11）中的相关数据

需求收集活动水平及排放因子数据。

273. 制氢残余物 制氢过程计算。按照《石油化工企业核算报告指南》要求，制氢过程排放使用碳质量平衡法来计算，排放量 = (原料 × 含碳量 − 合成气 × 含碳量 − 残渣 × 含碳量) ×44/12。石化企业一般用气制氢，无残渣量，企业认为得到的合成氢气为合成气（纯度为 99%），请问是否应该将制氢过程的驰放气算入碳输出，驰放气含碳量一般无检测，如何取值?

答：被回收利用的驰放气应作为碳输出，含碳量应实测。如无实测，按 0 计。

274. 其他过程排放 石化企业硫黄回收的过程排放是否需要报告?

答：企业法人边界需要报告，可按碳质量平衡法核算硫黄回收的过程排放。

275. 其他过程排放 石化企业石灰石脱硫过程是否需要报告?

答：企业法人边界需要报告。

276. 热力排放 石化企业有蒸汽锅炉消耗水煤浆，在补充报告表中，化石燃料燃烧计算水煤浆燃烧排放二氧化碳量，但消耗热力计算里需不需要再加上锅炉自产蒸汽的量?

答：核算边界中不含蒸汽锅炉，因此不需统计化石燃料燃烧排放。但是蒸汽锅炉供给核算边界内的热量应计算在消耗热力中。

277. 余热蒸汽 某石化企业外供的蒸汽是由余热产生的，在核算净购入热力产生的排放时，是否需要扣减其外供蒸汽量？接受该余热产生的蒸汽的企业，其热力排放因子是选取 0.11 还是 0？

答： 针对企业法人边界的核算，核算净购入热力产生的排放量时，其外供蒸汽需要扣除，排放因子选用 0.11 t CO_2/GJ。对于接受该余热产生的蒸汽的企业，其热力排放因子要分情况考虑：（1）当核算企业法人边界的净购入热力产生排放时，热力排放因子选用 0.11 t CO_2/GJ；（2）补充数据表为消耗热力产生的排放，热力排放因子选用 0。

278. 加工装置能量系数 对于炼油过程中的中间装置（进口原材料非原油，而是炼油中间产品），此类装置在计算其能量因数时，装置加工量系数如何计算？

答： 参考《炼油单位产品能源消耗限额》（GB 30251—2013）附录 B 炼油生产装置能量系数进行选取。

279. 炼油装置层面数据 石油化工企业补充报告“附炼油装置层面数据”是不是从说明中的 21 类炼油生产装置找，在范围内的就填写，不在范围内就不填？

答： 是的。

280. 补充数据表炼油能量因数 炼油生产装置能量因数、储运系统能量因数、污水处理场能量因数、热力损失能量因数、输变电损失能量因数、其他辅助系统能量因数和温度校正因子可计算得出炼油能量因数，但是以上数据除炼油生产装置能量因数，其他因数很难计算得到，炼油能量因数如何核查确认？

答：能量因数可以参考《炼油单位产品能源消耗限额》（GB 30251—2013）附录C。

281. 数据交叉核对 关于石化行业补充数据表的核查：原料油加工处理量数据是由企业提供，各装置处理量也无法加总获得原料油加工处理量。请问原料油加工处理量如何进行交叉核对？

答：原料油加工量数据需根据《企业温室气体排放报告核查指南（试行）》要求进行核查，可以采用企业数据，如生产日志、月度统计报表、年度统计报表等进行交叉核对。

（八）造纸

282. 甲醇分解 造纸工艺中甲醇用于施胶工段，经挥发后收集起来高温分解（未燃烧），该部分排放量是否算入过程排放？具体取值该如何计取？

答：可不考虑甲醇施胶过程的排放。

283. 碳酸钙排放 造纸企业，碳酸钙用于涂布，物理形变没有加热分解，是否需要计算 CO_2 排放量？

答：如果碳酸钙不发生加热分解等化学反应，不产生 CO_2，则不需要计算其 CO_2 排放量。

284. 出水 COD 浓度 某造纸企业在厌氧塔中处理污水后，厌氧塔出水继续进行生化处理，该企业将厌氧塔出水部分当作中水回用，部分继续生化处理，请问出口 COD 浓度是否要分别计算厌氧塔出口浓度和生化系统出口浓度？

答：厌氧生化处理（厌氧塔）的后续生化处理一般为好氧处理，不纳入核算范围，出口 COD 浓度为厌氧塔出口浓度。

285. 出水 COD 浓度缺失 某造纸厂的污水处理台账中，有几个月的厌氧处理出水 COD 数据缺失了，该如何处理？

答：可参考类似月份的出水值，并注意与数据质量控制计划（监测计划）保持一致。

286. 数据缺失 部分造纸企业废水处理工艺过程中涉及厌氧处理环节，企业对厌氧处理环节监测并不是很完善，相关计量设备安装并不是很齐全，无法通过直接采样得到进口和出口 COD 值及厌氧处理环节的总处理水量，如何处理？

答：可参考相关检测报告或采用其他合理方法估算，并说明理由。企业应加强数据质量控制计划（监测计划）的制订和实施。

287. 甲烷回收 某造纸行业厌氧处理产生的气体全部回用于锅炉燃烧，这部分甲烷算不算回收？如果回收气体未检测甲烷含量，具体回收甲烷的量怎么计算？甲烷燃烧需要计算排放吗？

答：（1）算作回收。（2）如果未检测甲烷含量，企业可以能够提供充分的证据证明厌氧处理产生的气体全部回收锅炉被燃烧，可算作回收，此种情况下，核算边界内可不包括废水厌氧处理产生的甲烷排放。如果企业不能提供充分证据，回收量按 0 处理。（3）甲烷燃烧不需要计算排放。

288. 废水半厌氧处理 造纸企业废水处理过程中采用水解酸化的半厌氧方式处理废水，是否需要核算废水处理的排放？

答：需要按厌氧方式处理，并进行核算报告。

289. BOT 模式处理废水 某造纸企业的废水处理以 BOT 形式外包给某环保公司，环保公司负责建设和运营废水处理设施，同时收集废水厌氧处理产生的甲烷进行发电，所发电力卖回给造纸企业使用。造纸企业对废水处理设施和沼气发电系统均没有运营控制权，这种情况下，造纸企业是否还需要核算废水厌氧处理产生的甲烷排放量？

答：按照运营控制权法，外包的生产活动不纳入报告范围。由于造纸企业对废水处理设施和沼气发电系统均没有运营控制权，造纸企业不需要核算废水厌氧处理产生的甲烷排放，废水厌氧产生的甲烷排放纳入环保公司的报告范围。

290. 造纸黑液 造纸企业黑液* 发电情况，可否认为黑液为生物质，不核算其排放量？

答： 黑液可视为生物质，不计算排放量。

291. 白泥煅烧排放 造纸行业从原材料来说只有木片和废纸，添加氢氧化钠溶液之后蒸煮产生的尾液进行灼烧，灼烧的灰渣溶于水中形成绿液（主要成分为碳酸钠），再添加氢氧化钙形成白泥沉淀（主要成分为碳酸钙），从源头到最终结果所产生的碳酸钙中并没有任何来自矿物质的碳，如果这部分白泥用于自身企业脱硫或者煅烧，是否要计算排放？

答： 造纸行业白泥中的碳元素来源于生物质原材料，可不计算 CO_2 排放。

292. 自备电厂 造纸企业的自备电厂在什么情况下需要按《企业温室气体核算方法与报告指南 发电设施》单独核算报告？

答： 自备电厂是否需要单独报告，需根据《关于做好 2022 年企业温室气体排放报告管理相关重点工作的通知》附件 3“各类机组判定标准”的规定判断。如果自备电厂符合配额管控的标准，需要按《企业温室气体核算方法与报告指南 发电设施》或修订版本单独核算报告；如果自备电厂不符合配额管控的标准，自备电厂的排放需要算入造纸企业的补充数据表中。

注：造纸工业的碱法（烧碱法和硫酸盐法）制浆工艺产生的废水中含有大量的木质素，呈黑褐色，被称作“黑液”。

293.（纸浆产量）如果造纸厂没有单独计量纸浆这一中间产物的产量，那么造纸行业补充数据表中需填报的纸浆产量如何填写？如果进行估计，应该如何估算？

答： 企业在补充数据表中，应填报的是企业产品的实际产出产量，中间产物无须填报。无论该产品是纸浆、机制纸还是纸制品，都要按照企业计量台账填报该产品的产量。

294.（浆粕产品）造纸企业产品“浆粕”属于“纸浆”还是“纸和纸制品”？

答： 建议将“浆粕”产量数据填入“纸浆”一栏中，并作注明。

（九）航空

295.（航空企业）航空企业是否还需要报告企业法人边界的数据？

答： 不需要。航空企业应按《民用航空飞行活动二氧化碳监测、报告和核查管理暂行办法》（民航规〔2018〕3 号）开展 2021 年度民用航空飞行活动 CO_2 排放数据核算报告工作。

296.（报送主体）机场集团涉及的分公司较多，分公司也有单独法人，且属于不同行业。是否将分公司进行单独核算，或者由集团统一报送？

答： 以独立法人为单位进行核算。

第二章

全国碳市场纳入范围及配额管理

Carbon

一、全国碳市场配额分配相关问题

297. 热电联产 能否进一步明确热电联产的定义?

答: 热电联产是指同时向用户供给电能和热能的生产方式。《企业温室气体排放核算方法与报告指南　发电设施》所定义的热电联产机组是指具备发电能力同时有对外供热量产生的发电机组。

298. 热电联产机组判定 某重点排放单位共有 4 个机组，其中部分机组向其他公司供热，但供热比较小，均小于 1%。该企业申请按纯凝发电机组来核定机组的配额，是否可行?

答: 根据《全国碳排放权交易配额总量设定与分配实施方案（发电行业）》（以下简称《配额分配方案》），机组获得的配额包括供电配额和供热配额。为鼓励高效供热、保障民生供暖，《配额分配方案》为机组的供热产出设置了专门的基准值，机组每单位供热都将获得相应配额。因此，在全国碳市场中，只要机组有供热，就按热电联产机组核算、分配配额。

299. 热电联产机组判定 某企业拥有的热电联产机组在年度内只进行了发电，则该机组是属于热电联产机组还是纯凝发电机组?

答: 该机组仍属于热电联产机组。若机组未发生功能性结构变化，则机组类别也不应随意改变。热电联产机组在当年度无供热量时，其机组的供热配额为 0。

300.（机组类型判别）一家发电企业在填写机组的系统质量控制计划时选择了“电能 + 热能”，系统将该机组自动归为热电联产机组。但是机组在某年度内实际的供电量为 0，只有供热量。这种情况下，是否可将此机组视为纯供热机组，不纳入配额管理？

答：根据《全国碳排放权交易配额总量设定与分配实施方案（发电行业）》，“不具备发电能力的纯供热设施不在本方案范围之内”。因此，热电联产机组即使个别年份未供电，仍应纳入全国碳市场配额管理，并按照热电联产机组核定和分配配额。热电联产机组供电量为 0 的年份，其供电配额也为 0。

301.（合并填报）某煤化工企业自备电厂将背压机组和空冷机组合并报数，且采用母管制，两个机组同时运行 8 个月，剩余 4 个月背压机组未运行，只有空冷机组运行。在计算配额时，是否可以分开计算？即两机组同时运行时，冷却方式修正系数为 1；另外 4 个月，冷却方式修正系数按空冷处理，取 1.05。

答：如果重点排放单位无法实现机组独立填报，则合并填报机组的冷却方式修正系数按照水冷处理，取值为 1。由于重点排放单位无法实现独立填报，配额核定和分配缺少相应的数据支持，无法分开计算。

302.（合并填报）某企业拥有多台不同类型机组，因数据无法拆分而合并填报。请问合并填报的机组依据哪条基准线进行配额核定及分配？

答：由于企业监测能力不足等原因导致不同类型机组合并填报时，在配额核定过程中，按照不同类型机组中最严格的基准值计算合并填报机组的配额。例如，若 300 MW 等级及以下常规燃煤机组与非常规燃煤机组合并填报，则取 300 MW

等级及以下常规燃煤机组的基准值进行合并填报机组的配额核定及分配。

303. 纳入范围 某造纸企业自备电厂利用碱回收炉燃制浆废液，产生蒸汽热量与其他燃煤锅炉蒸汽母管制送入汽轮机发电，碱回收炉送入蒸汽比例达 18% 左右。请问这家造纸企业自备电厂是否可以不纳入配额管理？

答：根据《关于做好 2022 年企业温室气体排放报告管理相关重点工作的通知》中列出的“各类机组判定标准”，碱回收炉燃制浆废液属于生物质利用，该机组属于化石燃料掺烧生物质机组。若完整履约年度内，掺烧生物质热量年均占比超过 10% 且不高于 50%，则此机组暂不纳入配额管理。

304. 纳入范围 发电厂应急柴油发电机组消耗的燃料油是否需要核算其温室气体排放？如果核算温室气体排放量，其配额如何分配？

答：根据《全国碳排放权交易配额总量设定与分配实施方案（发电行业）》中列出的“暂不纳入配额管理的机组判定标准”，燃油机组作为特殊发电机组暂不列入配额管理，即不会为燃油机组分配配额，也不需要其履约。

305. 纳入范围 某重点排放单位一台抽凝机组（25 MW）自 2015 年 2 月开始停止运行，并截断炉主蒸汽至汽轮机蒸汽管道，将炉主蒸汽直接连接在外供蒸汽管道上，其配备的 220 t 循环流化床锅炉仅做供热使用。上述情况由该企业所在县的工信局出具了说明。此机组是否可以判定为不具备发电能力的纯供热设施，不纳入配额管理？

答：若主管部门已核实此机组经改造后，不再具备发电能力，则可以根据最新版《全国碳排放权交易配额总量设定与分配实施方案（发电行业）》的相关规定，判定此机组不纳入全国碳市场配额管理。

306. 纳入范围 某企业热电联产机组改造后只供热而不存在发电（企业行业代码仍为4411），是否纳入全国碳市场配额管理范围？

答：应根据机组是否具有发电能力判断，如果机组仍有发电能力需纳入配额管理范围，没有则不纳入。

307. 纳入范围 某自备电厂拥有1台循环流化床燃煤锅炉和1台硫酸废热锅炉（硫酸制酸装置产生的反应热），通过母管合并后将蒸汽送至1台3 MW和1台6 MW的机组发电，其中硫酸废热锅炉提供的蒸汽占30%，请问制硫酸废热产生的蒸汽是否为掺烧的自产二次能源？这种情况是否符合分配方案中的化石燃料混烧自产二次能源热量年均占比超过10%的化石燃料发电机组？是否纳入配额管理？

答：根据企业描述，硫酸制酸装置产生的反应热为余热，不属于自产二次能源，无法参照“化石燃料混烧自产二次能源热量年均占比超过10%的化石燃料发电机暂不纳入配额管理”的规定进行判断。对于余热利用机组，请企业根据余热热量占比，拆分机组的供电量和供热量，根据扣除后的供电量、供热量进行配额核定及分配。

308. 纳入范围 发电企业的低浓瓦斯发电和乏风发电设施，其能源消耗总量达到了全国碳市场的纳入标准，但是这些发电项目都属于清洁发展机制（CDM）项目，那么上述设施是否也纳入全国碳市场配额管理？如果纳入是用天然气机组的方法核算吗？

答：根据《全国碳排放权交易配额总量设定与分配实施方案（发电行业）》

中的相关规定，“仅使用煤层气（煤矿瓦斯）的特殊化石燃料的发电机组”暂不纳入配额管理，低浓瓦斯发电和乏风发电均属于使用煤矿瓦斯发电机组，暂不纳入配额管理。

309. 纳入范围 装机容量达 6 MW 的自备电厂，采用制炭黑所产生的尾气进行燃烧并发电供热，尾气可否算作化石燃料？该自备电厂是否纳入配额管理？

答：制炭黑产生的尾气属于化石燃料。根据《关于做好 2022 年企业温室气体排放报告管理相关重点工作的通知》中列出的“各类机组判定标准”，仅使用炭黑尾气的发电机组暂不纳入配额管理。

310. 新增设施 企业新上燃气发电机组，是否需要进行碳排放核算及履约？

答：若新增设施是以天然气为主燃料的发电机组，则符合《全国碳排放权交易配额总量设定及配额分配实施方案（发电行业）》中提出的重点排放单位纳入条件，在正式投产后需要进行碳排放核算、报告，通常在第二年纳入全国碳市场配额管理重点排放单位名录后再参加履约。

311. 机组改造 某自备电厂将原来的燃煤机组改为使用生物质发电机组，使其碳排放强度得到了降低。对于此类在履约周期内进行改造的机组，核定配额的时候是否仍按其年度供电量和供热量乘以相对应类别机组的基准值？

答：对于燃煤机组改造为纯生物质机组的情况，应视机组在履约周期内是否满足纳入全国碳市场的条件而定，即其年排放量是否超过 2.6 万 t CO_2。若机组年碳排放量超过 2.6 万 t CO_2，则应纳入全国碳市场，企业需根据《企业温室气体核算方法与报告指南　发电设施》或修订版本提交机组改造前的时段燃煤相关排放和生产数据；在下一年度，改造后的纯生物质机组将不再纳入重点排放单位名单。若燃煤机组改造为燃气机组，企业应将此机组分改造前后分别填报：（1）改造前按燃煤机组填报排放与生产数据和分配配额；（2）改造后新机组若为燃气轮机则按燃气机组填报排放与生产数据和分配配额，否则不纳入配额管理。

312. （制冷蒸汽的核算及配额分配）某电厂的产品除了电力、热力外，还抽取一部分蒸汽制冷或者生产压缩空气外供，请问是否应该将这类型企业生产冷、压缩空气消耗的热力计为供热量？是否也会获得相应配额分配？

答： 对于电力生产企业，如果产品除电力、热力外，还抽取一部分蒸汽制冷或生产压缩空气外供，则抽出的蒸汽可折算成供热量。具体计算方法根据抽出蒸汽的流量计算，以质量单位计量的蒸汽可采用《企业温室气体排放核算方法与报告指南　发电设施》中相应公式转换为热量单位。折算后的供热量按照国家公布的配额分配方法及相应基准值核定配额分配量。

二、配额清缴、抵销、结转相关问题

313. （企业合并）广西一家自备电厂已获得预分配配额，之后与另一家企业进行了合并，该重点排放单位涉及的配额发放与履约清缴工作应该如何进行？是由合并成立的新企业履行吗？

答： 根据最新版《全国碳排放权交易配额总量设定与分配实施方案（发电行业）》中的相关规定，重点排放单位进行合并的，由合并后存续或新设的重点排放单位承继配额，并履行清缴义务。

314. 企业合并 某已纳入全国碳市场的重点排放单位与一个未纳入企业合并，合并后的新企业是否需要报告碳排放？如果需要，如何核算企业的碳排放？

答： 根据最新版《全国碳排放权交易配额总量设定与分配实施方案（发电行业）》中的相关规定，重点排放单位和未纳入配额管理的经济组织合并的，由合并后存续或新设的重点排放单位承继配额，并履行清缴义务。当前履约期内的碳排放边界仍以重点排放单位合并前的碳排放边界为准，此履约期结束后对碳排放边界重新核定。

315. 配额结转 重点排放单位完成配额清缴后富余的配额到履约期结束后不卖出会不会收回？

答： 根据《全国碳排放交易市场建设方案（发电行业）》的规定，重点排放单位足额清缴碳排放配额后，配额仍有剩余的，剩余配额可跨履约周期结转使用，相关规定尚待国家主管部门另行发布。

316. 填报及配额分配 同一企业涉及两个不同行业，应如何报送？配额如何分配？

答： 重点排放单位应按其拥有设施所属行业的核算报告指南分别填报相关数据，并依据最新版《全国碳排放权交易配额总量设定与分配实施方案（发电行业）》核定设施应获配额，加总后为该重点排放单位的配额总量。

第三章

碳排放数据报送系统

Carbon

一、企业端用户相关问题

317. 账号与登录 全国碳排放数据报送与监管系统—企业端的登录账号从何而来？登录地址是什么？

答：全国碳排放数据报送与监管系统（以下简称碳排放数据报送系统）与环境信息管理平台（即全国排污许可证管理信息平台 http：//permit.mee.gov.cn）采用同一账号体系，通过单点登录，实现统一认证。碳排放数据报送系统采用名单准入制管理，纳入重点排放管理单位，且由管理部门在“全国碳排放数据报送与监管系统—管理端”录入重点管理单位清单的企业，可登录全国排污许可证管理信息平台，选择“碳排放”模块进入“全国碳排放数据报送系统—企业端”。

318. 账号与登录 如果同一最低一级独立法人或独立核算单位，拥有多个排污许可证管理信息平台账号，应该使用哪个账号登录碳排放数据报送系统？

答：对于有多个排污许可证的重点排放单位，应在省级生态环境主管部门组织指导下，选定使用其中一个账号作为主账号登录。该账号成功登录后，该单位的其他账号将无法再进入碳排放报送模块进行填报，但其他账号载明的企业基本信息、机组及生产设施等信息将纳入主账号创建的排放报告（数据质量控制计划），避免企业重复填报。

319. 填报主体 如果报送国家的企业名单中，存在以集团整体报送的情况，集团下属有独立子公司，目前排污许可证系统都是独立子公司分别注册的，请问是否必须以独立法人子公司填报，还是可以由集团统一填报？

答：以最低一级独立法人或视同法人的独立核算单位作为报告主体，集团子公司通常是独立法人或视同法人的独立核算单位，应作为报告主体各自向所在地省级主管部门报告排放情况；集团企业仅上报集团直属的生产设施 / 单元的排放情况。系统填报时，在相同统一社会信用代码的前提下，可以使用任一账号作为主账号进行数据填报。

320. 报送范围 选择“碳排放”模块进入“全国碳排放数据报送系统—企业端”时，若系统提示“企业不在填报范围内，无法填报”应该如何处理？

答：系统采用名单准入制管理，纳入重点排放管理单位，且由管理部门在“全国碳排放数据报送与监管系统—管理端”录入重点管理单位清单的企业，可进入系统报送排放报告。系统提示“企业不在填报范围内，无法填报”时，企业可联系当地主管部门，确认本企业是否纳入重点排放单位管理清单，且由当地主管部门录入的“清单维护”信息，与企业统一社会信用代码、单位名称一致。

321. 填报流程 为何无法创建年度数据质量控制计划？

答：系统采用名单准入制管理，纳入重点排放管理单位。确认本企业是否纳入本年度重点排放单位管理清单，且由当地主管部门录入的“清单维护”信息，与企业统一社会信用代码、单位名称、年度、行业类别一致，方可在系统中创建年度数据质量控制计划。

322. 填报流程 为何无法创建年度排放报告？

答： 企业应首先创建报送年份、报送行业的质量控制计划并提交后，才可创建提交排放报告。

323. 质量控制计划 排放报告提交后，发现质量控制计划创建时选错行业是否可修改？

答： 质量控制计划根据行业类别生成不同填报表单。如质量控制计划创建时选错行业，需在企业补正状态下，删除重建；重建并提交后，填写排放报告并提交。

324. 电力行业 已经填报月报是否还需要填报年报，月报信息如何修改，与年报信息不一致有影响吗？

答： 年报生成前，本年度月报提交后可在企业补正状态下修改；提交 12 个月份的月报后，年报根据月报自动生成年报初稿，可根据实际情况调整相关内容，补充支撑材料附件，形成终版排放报告年报；年报生成后，月报锁定不可修改，文件评审以年报为准。

325. 非电力行业 质量控制计划，部分行业没有补充行业信息表，可否明确行业？

答： 非电力行业质量控制计划需填报补充行业信息表的行业如下：

一级行业	二级行业
建材	水泥熟料
	平板玻璃
钢铁	无须编制数据质量控制计划，直接填报排放报告
有色金属	电解铝
	铜冶炼
石化	原油加工
化工	乙烯
	电石
	氨及氨水
	甲醇
	氮肥
	纯碱类
	烧碱
	初级形态塑料
	硝酸
	其他
民航	机场服务
造纸	纸浆；机制板和纸板；纸及纸制品

326. 非电力行业 是否需要上传数据质量控制计划（监测计划）、排放报告？

答： 目前碳排放数据报送系统采集非电力行业补充数据表信息，需要在提交排放报告时，按照要求上传完整版数据质量控制计划（监测计划）、排放报告。

327. 非电力行业 数据汇总表行业及产品信息无数据可选、产品字典项无法手动新增的问题?

答: 数据汇总表无法选择行业时，可能由于选择的行业不在此次报送范围内，可联系当地主管部门，确认该行业是否需要报送；数据汇总表的行业、产品来自补充数据表要求内容，补充数据表未要求的产品类型，如副产品等无须填报。

二、管理端用户相关问题

328. 账号与密码 密码遗忘，多次输入导致账号冻结该如何处理?

答: 冻结后可联系运维人员解封，登录后可自行修改密码或联系当地管理员进行修改。

329. 账号权限 功能模块看不到、无法办理是什么原因?

答: 系统功能由角色权限进行管理，若已有账号无法满足实际办理需要，可由管理员在系统设置—人员管理—用户信息管理模块，变更账号角色；若可选角色权限无法满足需要，可在角色权限设置中进行变更。

330. 清单维护 已在清单录入某企业，仍提示不在填报范围内或者无法创建质量控制计划该如何处理?

答: 补充报送行业范围内的企业需要按照年份、一级行业类别电力、建材、钢铁、有色金属、石化、化工、造纸、民航录入清单，包含多个行业类别的，分行业录入多条；按要求录入清单后，企业端仍提示该企业不在填报范围内，核查清单录入信息是否准确，尤其是统一社会信用代码是否与企业注册账号一致；企业存在多个许可证编号、对应多个账号的，可查询“账号详情”查看或修改关联的企业端主账号。

331. 退回 核查过程中发现上一环节核查结果有误，如何退回操作？

答：管理端（核查端）已开放退回功能，如有退回必要，拥有该环节办理权限的账号可进行退回，退回应逐步进行，只可返回上一步，不可撤销，不可跨环节退回。具体操作，请参考《碳排放退回功能说明》。

332. 核查结论 告知企业核查结论后，发现有误，能否退回？

答：可退回，在结论告知—已办理清单中，进行退回。

333. 管理核查机构 管理端如何管理核查技术服务机构为核查技术服务机构分配核查任务？能否监管核查过程？

答：首先，核查技术服务机构需要在核查端自行注册账户，根据核查工作招投标结果，设置核查服务范围，包括服务的省（自治区、直辖市）、年份。设置完成后，管理部门通过管理端“系统管理—技术服务机构选择”启用核查机构，即可进行任务分配，开展核查工作。核查过程中，管理端与核查端同步查看核查任务过程记录以及提交的核查过程文件，包括文件评审表、现场核查表、不符合项整改和核查结论等。

三、核查端用户相关问题

334. 系统登录 核查端是否需要专网登录，如何获取账号？

答：按照《关于加强全国碳市场数据质量管理建立长效机制的工作方案》的要求，为方便核查技术服务机构顺利完成核查工作任务，开发部署于互联网端的“全国碳排放数据管理系统—核查端”（http：//114.251.10.50/）。核查机构可通过互联网在保障网络安全的前提下访问核查端开展核查技术服务工作。核查技术服务机构可自行通过核查端注册核查技术服务机构账号，且同一法人单位仅能注册一个核查技术服务机构账号，同时该账号为该机构管理员账号；核查人员账号由核查技术服务机构管理员开设。各地有分公司的企业，可由总公司注册机构账号后，再分别设置多个分公司管理员账号，由分公司管理员账号分别设置核查人员账号、组建工作组。

335. 业务办理 核查端如何办理核查业务？

答：核查技术服务机构应自行设置核查人员账号、组建核查技术工作组。管理端将任务分配至核查技术服务机构后，由核查技术服务机构具有任务分配权限的账号进行二次任务分配，将任务分配至具体的核查技术工作组。核查端可根据管理端任务分配情况，开展核查、复查、复核等工作。

336. 业务办理 核查技术服务机构拥有多个非独立法人的分支机构，如何同时为多地提供核查技术服务？

答：总公司注册机构账号后，可再分别设置多个分公司（分支机构）管理员账号，由分公司管理员分别设置服务范围、进行任务分配、办理核查业务。总公司管理员通过对分公司管理员账号的区域设置，控制不同分支机构核查人员可办理、查看任务的范围。

337. 联合体 由多个核查技术服务机构组成联合体，为同一地区提供核查技术服务的，应如何开展核查工作？

答： 由多个核查技术服务机构组成联合体，为同一地区提供核查技术服务时，管理端可将多个核查技术服务机构设置为联合体，并将核查任务分配至联合体。联合体各成员均可接受核查任务，通过二次任务分配将任务分配至具体核查人员。

第四章

全国碳排放权注册登记系统

Carbon

一、省级生态环境主管部门相关问题

（一）基础问题

338. 客服电话 全国碳排放权注册登记系统客服电话是多少?

答：400-991-1188 转 2。

339. 工作时间 什么时间可以进行问题咨询?

答：请于工作日的 9:00-11:30、14:00-17:00 拨打客服电话。

340. 邮寄地址 账户相关资料邮寄地址是什么?

答：湖北省武汉市武昌区中北路 31 号知音广场 17 楼中碳登客户服务部，邮寄电话：400-991-1188。由于全国碳排放权注册登记机构预计将迁址，请务必于邮寄前拨打客服电话确认邮寄信息。

341. 系统网址 省级生态环境主管部门系统网址是什么?

答：系统网址为 https://center.chinacrc.net.cn。

（二）CA 证书管理及 USBKey 使用相关问题

342. 系统账号；USBKey 省级生态环境主管部门如何获得全国碳排放权注册登记系统账号和 USBKey？

答： USBKey 已分发至各省级生态环境主管部门，系统账号粘贴在 USBKey 上，初始密码均为“tpf@123”，首次登录后请及时修改。

343. USBKey 账号区别 省级生态环境主管部门 USBKey 两面显示的账号有何区别？

答： USBKey 两面分别显示用户类型（发起管理员 / 确认管理员）及系统账号。

344. 查看证书 省级生态环境主管部门需要自己下载 CA 证书吗？

答： 不需要，已于 USBKey 发放前下载对应账户证书到各省级用户 USBKey 中，可于 USBKey 插入后点击查看证书信息。

345. USBKey 补办 省级生态环境主管部门 USBKey 如有遗失，如何进行挂失并重新申请？

答： 省级生态环境主管部门需填写《省级主管部门 USBKey 更换业务申请表》（见附件 1，若有更新以最新版本为准），由系统管理员停用原 USBKey 并重新补寄，请拨打客服电话登记并办理。

346. PIN 码遗忘 省级生态环境主管部门 PIN 码如更改后遗忘，如何重置 PIN 码？

答： 省级生态环境主管部门需填写《省级主管部门 USBKey 更换业务申请

表》（见附件1，若有更新以最新版本为准），并同USBKey一起邮寄至中碳登客户服务部，由系统管理员进行PIN码重置并重新邮寄。请拨打客服电话登记并办理。

（三）VPN安装及使用相关问题

347. 账号注册 VPN账号是否需要省级生态环境主管部门自行注册，注册流程是怎样的？

答： 不需要，各省级生态环境主管部门VPN账号已经开立完毕并分发。

348. 找回账户 VPN账号遗忘应如何处理？

答： 请拨打客服电话，按要求提供资料后查询告知。

349. 找回密码 VPN密码遗忘应如何处理？

答： 省级生态环境主管部门需填写《省级主管部门账户密码重置业务申请表》（见附件2，若有更新以最新版本为准）并邮寄至中碳登客服部，由系统管理员进行密码重置，重置后会以邮件的形式将新密码发送至申请人邮箱。

350. VPN地址；端口 VPN地址及端口是什么？

答： VPN地址为“vpn.chinacrc.net.cn”，端口为“443”。

351. 登系统前连接 每次登录全国碳排放权注册登记系统前是否必须连接 VPN？

答：是的。

352. 登录失败 VPN 点击“连接”时提示“请输入通信端口”，无法登录怎么办?

答：确认端口“443”是否填写。

353. 登录失败 VPN 在输入地址及端口情况下，点击“连接”后提示“连接网关失败，请检查网络连接”，怎么办?

答：确认 VPN 地址信息“vpn.chinacrc.net.cn”及端口“443”是否填写正确。

354. VPN 下载 如何下载 VPN 客户端?

答：浏览器中输入“https：//vpn.chinacrc.net.cn”，点击页面右上角“客户端下载”，选择 Windows 版本或 Mac 版本，点击“立即下载”。

（四）账户管理相关问题

355. 登录前操作 登录全国碳排放权注册登记系统账户前需要完成哪些准备工作?

答：需要完成以下操作：

（1）下载并安装 VPN 客户端软件；

（2）下载并安装 USBKey 驱动和证书驱动；

（3）接入 VPN；

（4）确认 USBKey 驱动已启动；

（5）插入 USBKey，并确认插入成功。

VPN 以及 USBKey 相关操作流程可参照《全国碳排放权注册登记结算系统操作手册（省级主管部门版）》（会根据系统功能更新情况调整更新）相关内容。

356. 更换电脑 是否可以更换登录电脑？

答：可以，更换新电脑时需重新下载并安装 VPN、USBKey 驱动和证书驱动。

357. 接收通知 如何接收系统相关通知？

答：通过个人中心设置“移动电话”及“E-mail”后，可接收系统相关短信及邮件通知。

358. 修改密码 如何修改账户密码？

答：登录系统后，点击系统右上角的“修改密码”功能按钮，即可进行密码修改。

359. 找回密码 初始密码修改后如有遗忘应如何处理？

答：需填写《省级主管部门账户密码重置业务申请表》（见附件 2，若有更新以最新版本为准）并按照邮寄地址邮寄至中碳登客服部，系统管理员对省级生态环境主管部门登记系统账户密码进行重置，重置后的密码将通过短信及邮件形式发送到操作管理员的手机号及邮箱中，具体流程请拨打客服电话咨询后办理。

（五）业务管理相关问题

360. 发起；确认管理员区别 发起管理员和确认管理员有什么区别？

答：发起管理员负责业务申请的提交，确认管理员负责业务申请的审核。如给重点排放单位发放配额，需由发起管理员提交配额发放申请后，确认管理员进行审核。

361. 提交；保存区别 发起管理员进行业务申请时，“提交”和“保存”有什么区别？

答：若点击“提交”，则当前业务申请提交至确认管理员审核；若点击“保存”，则当前业务申请保存为草稿，不会提交至确认管理员审核（但其可以查看），后续可修改后再次保存为草稿或提交申请至确认管理员审核。

362. 审核不通过再次发起 业务审核不通过后是否可以再次发起申请？

答：可以。业务审核不通过后申请将退回至发起管理员，发起管理员可在待办管理中看到对应待办。发起管理员可修改待办后重新提交申请；或者废除当前申请，重新创建并提交新的申请。

363. 业务待办废除；修改区别 业务待办废除和修改有什么区别？

答：待办被退回后，可修改并重新提交审核，或者废除待办终止当前申请。

364. 废除后业务待办查询 废除后的业务待办还可以查询吗?

答：可以，发起管理员及确认管理员均可进行查询。

365. 企业名称；组织机构代码修改 重点排放单位修改系统中的企业名称或组织机构代码时，需要省级生态环境主管部门先核实吗?

答：是的。《碳排放权交易管理办法（试行）》（部令第19号）第十八条规定，“重点排放单位发生合并、分立等情形需要变更单位名称、碳排放配额等事项的，应当报经所在地省级生态环境主管部门审核后，向全国碳排放权注册登记机构申请变更登记”。

366. 查询开户信息 如何查看行政区域内各重点排放单位开户信息?

答：在“会员管理—会员信息管理—会员注册管理”页面中可以查看行政区域内各重点排放单位开户信息。

367. 配额总量查询 如何查看本地区配额总量?

答：在“业务管理—配额管理—总量管理—省级配额总量设定”页面中可以查看本地区的配额总量相关情况，包括总量、分配量、分配使用量等。

368. 配额标的持仓查询 如何查看本地区某配额标的持仓变动情况?

答：在“监督管理—持仓查询—主管部门持仓查询”页面中点击需要查看

的配额标的右侧的“登记持仓流水”，即可查看该配额标的持仓变动情况。

369. 配额批量发放 采用批量发放方式进行配额发放时，是否必须同时给所有重点排放单位进行发放？

答： 不需要，可根据实际情况给部分重点排放单位发放。

370. 查询历史配额发放 如何查看行政区域内各重点排放单位配额发放情况？

答： 在“业务管理—配额管理—发放管理—省级配额发放”页面中可以查看行政区域内各重点排放单位配额历史发放信息。

371. 持仓查询 如何查询行政区域内各重点排放单位持仓？

答： 在“监督管理—持仓查询—其他用户持仓信息查询”页面中可以查看。

372. 持仓变动查询 是否可查看行政区域内各重点排放单位持仓变动情况？

答： 可以，在“其他用户持仓信息查询”功能页面中点击右侧的“登记持仓流水”，即可查看。

373. 登记；交易待划转量定义 其他用户持仓信息查询页面中，登记待划转量和交易待划转量分别是什么？

答： 重点排放单位当日从全国碳排放权交易系统发起申请的交易持仓划

转至登记持仓的数量会实时计入“交易待划转量”并于当日结算完成后转入“登记可用量”。当日发起的登记持仓转交易持仓申请数量会实时计入“登记待划转量”并于当日日终后到达“交易持仓”，于T+1日（下一个交易日）可卖出。

374. 持仓显示实时性 交易待划转量及登记待划转量是否实时变动?

答：是的。

375. 交易持有量 持仓查询处，交易持有量是否实时变动?

答：需待每日结算后更新。

376. 交易冻结量 持仓查询处，交易冻结量是否实时变动?

答：是的。

377. 履约进度查询 如何查看各重点排放单位履约进度?

答：在“监督管理—信息查询—履约进度查询”功能菜单中可以查看本地区总体履约进度及各重点排放单位履约进度。

378. 收缴收回区别 配额收回功能和配额收缴功能有什么区别?

答：使用配额收回功能时，从A重点排放单位收回的配额可发放给B重点排放单位；使用收缴功能时，收缴的A重点排放单位配额只可退还给A重点排放单位或者注销。

379. 收回流程 如何使用配额收回功能？

答：具体流程如下：

① 省级发起管理员提交收回申请：点击“业务管理—配额管理—收回管理—省级配额收回—新增”，输入配额收回对象、数量等信息后，点击“提交”，系统提示操作成功后，配额收回申请提交至省级确认管理员审核。

② 省级确认管理员审核收回申请：省级确认管理员登录系统后，点击“业务管理—业务管理待办—待办任务—配额管理—省配额收回审核—审核”，输入审核意见，点击“审核通过”，系统提示操作成功后，配额收回提交至登记机构审核。

③ 全国碳排放权注册登记机构审核：全国碳排放权注册登记机构发起管理员及确认管理员两级审核通过后，省级收回企业配额操作成功。

若其中任一环节审核不通过，则收回申请将退回至省级发起管理员，省级发起管理员可修改申请后重新提交，或者废除该申请。如果有必要可重新发起申请。

二、重点排放单位相关问题

（一）基础问题

380. 客服电话 全国碳排放权注册登记系统客服电话是多少？

答：400-991-1188 转 1。

381. 工作时间 什么时间可以进行问题咨询？

答：请于工作日的 9:00-11:30、14:00-17:00 拨打客服电话。

382. 邮寄地址 资料邮寄地址是什么?

答: 湖北省武汉市武昌区中北路31号知音广场17楼中碳登客户服务部，邮寄电话：400-991-1188。由于全国碳排放权注册登记机构预计将迁址，请务必于邮寄前拨打客服电话确认邮寄信息。

383. 系统网址 全国碳排放权注册登记系统网址是什么?

答: 系统网址为 https://ucweb.chinacrc.net.cn/。

（二）登记账户开户及账户信息管理相关问题

384. 登录后操作 收到账号密码并且成功登录全国碳排放权注册登记系统后，重点排放单位还需要进行哪些操作?

答:（1）需要上传开户单位相关附件（附件均需加盖公章）。由于重点排放单位登记账户是通过批量开户的方式完成的，登录系统后，企业还需要将营业执照副本复印件、法定代表人身份证明复印件、账户代表人授权委托书、账户代表人身份证明复印件、联系人身份证明复印件等材料进行上传。附件上传成功后才可以进行账户信息修改操作，具体操作方法可参照《全国碳排放权注册登记结算系统操作手册（重点排放单位版）》（会根据系统功能更新情况调整更新）。

（2）建议修改账户密码。为确保企业账户信息安全，建议用户第一时间将初始密码进行修改。修改初始密码的具体操作方法可参照《全国碳排放权注册登记结算系统操作手册（重点排放单位版）》（会根据系统功能更新情况调整更新）。

385. 账户代表；联系人区别 填写开户信息时，账户代表与联系人能否为同一个人？二者有何区别？

答：账户代表需经公司授权委托，默认其作为业务经办人代表企业申请办理各类业务。账户代表手机号及邮箱将接收账户相关通知。联系人为账户代表的备用联系人，建议填写与账户代表不同的人。

386. 账户信息变更 法人代表、账户代表、联系人、企业名称等主体信息发生变更时，如何变更全国碳排放权注册登记系统中的相关开户信息？

答：账户信息修改需要线上、线下流程同步进行。线上需要在系统“账户管理—账户信息修改”页面提交信息变更申请。线下需要按照“账户管理—账户信息修改”页面“附件信息”区域“附件文档”处所列示的《账户信息变更须知》中的相关要求，提交账户信息变更相关材料，具体需提交材料如下所示：

（1）修改登记主体基本信息的，应提交《账户信息变更业务申请表》（附件3）、营业执照复印件、法人身份证复印件等相关证明材料；

（2）修改法定代表人信息的，应提交《账户信息变更业务申请表》（附件3）、营业执照复印件、法人身份证复印件、全国碳排放权注册登记系统账户代表授权委托书（附件4）等相关证明材料；

（3）修改账户代表信息的，应提交《账户信息变更业务申请表》（附件3）、全国碳排放权注册登记系统账户代表授权委托书（附件4）、账户代表身份证复印件等相关证明材料；

（4）修改联系人信息的，应提交《账户信息变更业务申请表》（附件3）、联系人身份证复印件等相关证明材料；

（5）《账户信息变更业务申请表》（附件3）中业务办理人应为账户代表，如需委托他人代办的，还应提供经公证的《全国碳排放权注册登记系统业务代办授权委托书》(附件 5)、委托人有效身份证明及文件的复印件。

由于《账户信息变更须知》会根据系统功能优化情况及业务相关要求修订，具体提供材料以全国碳排放权注册登记系统中下载的《账户信息变更须知》为准，建议于提交信息变更申请及相关资料前，拨打客服电话登记确认。

387. 变更不通过 信息变更申请审核不通过的可能原因是什么？

答：信息变更申请审核不通过的原因包括提交资料不完整、提交变更的信息不准确（如系统中提交的信息内容与纸质件不符）、递交的纸质件未盖公章等原因。可拨打客服电话咨询审核不通过原因。

388. 变更不通过再次提交申请 信息变更申请审核不通过之后，是否可以再次提交申请？

答：可以再次提交申请，请确保提交的资料准确、完整且符合要求。

389. 变更审核时长 信息变更申请审核时间是多少？

答：在完成信息变更材料审核后 5 个工作日内完成账户信息变更并以短信方式通知账户代表。

（三）账户安全相关问题

390. 修改密码 如何修改登录密码？

答：登录系统后，可通过右上方的“修改密码”按钮修改登录密码，具体操作方式参照《全国碳排放权注册登记结算系统操作手册（重点排放单位版）》（会根据系统功能更新情况调整更新）。

391. 密码错误 登录全国碳排放权注册登记系统显示登录密码错误应如何处理?

答：请确认密码是否输入正确，是否修改过密码或者是否申请重置过密码。

392. 忘记密码 初始密码修改后遗忘应如何处理?

答：可在系统登录界面点击“忘记密码”，通过账户代表的手机号、邮箱或者已设置的密保问题验证来进行密码找回。如无法通过以上方法找回密码，请拨打客服电话登记，由系统管理员对企业登记账户密码进行重置，重置后的密码将通过短信及邮件形式发送到企业账户代表的手机号及邮箱中。

393. 账户锁定 密码连续输错几次后账户会被锁定?

答：密码输错 5 次后账户会被锁定。

394. 锁定后登录 密码锁定后如何登录？

答：可在会员前台登录界面点击“忘记密码”，通过登记账户绑定的邮箱、手机号码或者密保问题验证来进行密码找回或重新设置，重新设置密码后即可用新设置的密码进行登录。此外，密码锁定 24 小时后会自动解锁，用户可待解锁后再登录系统。

395. 无法登录 输入账号密码后无法正常登录全国碳排放权注册登记系统怎么办?

答：登录前请检查以下操作是否完成：

（1）下载并安装 USBKey 驱动和证书驱动；

（2）确认 USBKey 驱动已启动；

（3）插入 USBKey，并确认插入成功；

（4）安装 CA 证书。

USBKey 相关操作流程可参照《全国碳排放权注册登记结算系统 USBKey 使用手册（重点排放单位版）》（会根据系统功能更新情况调整更新）。

（四）账户使用相关问题

396. 配额发放查询 如何查询配额发放情况？

答：登录系统后点击“信息查询—配额发放查询”菜单，即可查看本企业配额发放情况。

397. 配额持有查询 如何查询配额持有情况？

答：登录系统后点击“信息查询—持仓查询”菜单，即可查看用户配额持有情况。

398. 配额发放查询；持仓查询区别 配额发放查询和持仓查询有什么区别？

答：配额发放查询结果为重点排放单位历史配额发放记录；持仓查询结果为用户当前持仓情况。

399. 履约通知书查询 如何查询履约通知书？

答：履约通知书发放后，通过“履约管理—履约清缴”菜单，即可查看企业履约通知书详情以及提交履约申请。

400. 履约申请提交次数 是否可以分多次提交履约申请?

答：可以。

401. 履约申请审核 履约申请提交后是否即完成履约?

答：履约申请提交后，还需经省级发起管理员及省级确认管理员审核。

402. 履约截止日期 履约截止日期之后，企业是否可以自己提交履约申请?

答：不可以。

403. CCER 可抵销量 履约申请提交页面显示的“CCER 可抵销量”是什么意思?

答：指该履约通知书可以用 CCER 抵销配额清缴的最大数量，该数量根据抵销规则比例要求自动计算列示（第一个履约周期为应清缴量乘以 5%）。

404. 待审核履约量 履约清缴页面显示的“待审核履约量”是什么意思?

答：指企业已提交履约，但省级生态环境主管部门未审核完成的履约申请量。

405. 履约持仓要求 交易持仓配额是否可以用来进行履约？

答： 不能，需先从全国碳排放权交易系统发起持仓划转至全国碳排放权注册登记系统申请，待配额转入“登记可用量”持仓后方可用于履约。

406. 履约记录查询 如何查看履约记录？

答： 登录系统后，点击“履约管理—履约清缴记录查询”菜单，即可查看企业履约申请提交记录。

407. 配额划转至交易系统交易 如何将配额划转至全国碳排放权交易系统进行交易？

答： 登录系统后，在“持仓划转管理”下拉菜单中点击“登记发起登记转交易”，选择“登记划交易申请新增”，按要求填写信息并提交划转申请即可。

408. 配额划转审核 配额划转申请是否需要审核？

答： 目前系统上不需要。

409. 配额划转时间 配额划转是否有时间限制？

答： 有，请在交易日的 9:30—15:00 发起配额划转申请。

410. 划转配额交易 申请将配额划转到全国碳排放权交易系统后，当日是否可以卖出？

答：当日不可以卖出。申请划转配额 T+1 日（下一个交易日）方可进行卖出。

411. 登记待划转量；交易待划转量区别 持仓查询中的“登记待划转量”和“交易待划转量”分别指什么？

答：当日从全国碳排放权交易系统发起申请的交易持仓划转至登记持仓的数量，会实时计入“交易待划转量”，并于当天结算完成后转入“登记可用量”。当日发起的登记持仓转交易持仓申请数量会实时计入“登记待划转量”，并于下一个交易日方可卖出。

412. 交易持仓查询 如何在全国碳排放权注册登记系统中查看交易持仓数量？

答：通过“信息查询”下拉菜单中的“持仓查询”，可查看交易持仓情况（每日清结算后更新）及数量变动情况。

413. 交易配额持仓更新 系统首页中显示的交易配额持仓是否实时更新？为何与全国碳排放权交易系统中显示的持仓不一致？

答：不是实时更新，在每日日终结算完成后，才会与全国碳排放权交易系统中显示的交易配额持仓一致。

（五）交易账户绑定相关问题

414. 交易前提条件 开展交易之前需要准备几个账户？

答：3 个账户，分别是登记账户、交易账户以及银行实体账户（可使用已有的同名银行账户，无须重新开户）。

415. 绑定时限 登记账户与交易账户的绑定操作是否有时间限制？

答：有，均需在交易日 9:30—15:00 时间段内进行。

416. 登记账户；交易账户绑定 登记账户与交易账户的绑定（预绑定确认）需要注意什么？

答：确认已从全国碳排放权交易系统发起了与登记账户的预绑定操作，验证码会以短信形式发送至账户代表的手机号，请确保手机号正确，以便能够正常接收验证码短信。

（六）银行卡绑定相关问题

417. 签约绑定时限 登记账户与银行账户的签约绑定是否有时间限制？

答：有，所有相关操作均需在交易日 9:30—15:00 时间段内进行。

418. 结算银行 结算银行有哪些？

答：目前全国碳排放权注册登记系统的结算银行是中国民生银行（民生市

场通）和中国农业银行（农行银碳服）。

419.（签约渠道银行设置）是否登录系统即可进行银行账户的签约绑定？

答：不是。登录全国碳排放权注册登记系统后，根据页面提示选择自己需要绑定的正确签约渠道，才可以进行对应银行的签约绑定操作。例如民生市场通客户只有选择签约渠道为“民生市场通标准版”后，重新登录系统，系统登录界面才会显示“民生市场通”菜单栏。

420.（签约渠道银行设置）是否选择签约渠道后即可进行银行账户的签约绑定？

答：选择签约渠道后，需要重新登录全国碳排放权注册登记系统后进行银行账户签约绑定（选择签约渠道后系统会强制退出）。

421.（民生市场通支持接入银行）民生市场通支持哪些银行？

答：支持所有通过中国人民银行小大额支付系统的银行，具体支持接入的银行清单详见《民生市场通签约、绑定银行实体账户及资金子账户（交易资金账户）激活操作指引》（会根据系统功能更新情况调整更新）。

422.（民生市场通签约）民生市场通签约需要企业重新开设银行账户吗？

答：不需要，可使用现有银行账户，具体可使用的银行账户见上个问题。

423. 民生市场通签约 民生市场通签约时需要注意什么？

答： 设置民生银行预留密码时需注意密码至少为6位，且必须是字母与数字的组合（不能含有特殊符号）。在签约、绑定银行实体账户和解约时，需使用预留密码。

424. 民生市场通姓名参数过长 民生银行市场通会员签约时，报经办人姓名参数项长度大于最大长度时如何处理？

答： 此提示由于开户时法人或经办人姓名不符合规则，姓名后面带"( )"内容导致。请在全国碳排放权注册登记系统中提交账户信息修改申请（另需按要求提交相关信息变更证明材料），并于信息修改完成后再次进行民生市场通会员签约。

425. 民生市场通登记账户绑定银行账户 民生市场通登记账户绑定银行实体账户时需要注意什么？

答： 确保银行实体账户填写正确且必须是与登记账户名称一致的同名银行账户，不同名账户不能进行绑定。

426. 民生市场通账户入金激活 民生市场通结算渠道如何进行账户入金激活？

答： 绑定银行实体账户操作完成后，会收到民生银行发送的入金激活短信，请按照短信提示进行入金操作，入金金额与短信要求的金额须保持一致。入金时收款方的账户信息详见《民生市场通签约、绑定银行实体账户及资金子账户（交易资金账户）激活操作指引》（会根据系统功能更新情况调整更新），收款方的账户信息与操作指引中完全一致才能入金激活成功。

427. 民生市场通管理界面 民生银行市场通管理界面的作用是什么？

答：客户登录系统后，点击“民生市场通”下拉菜单中的“民生市场通管理”，跳转至“民生市场通”页面，可以实现查询账户信息、查询资金明细、修改手机号、重置密码等功能。

428. 民生市场通换绑银行卡 民生市场通企业用户登记账户绑定的银行实体卡信息有误，导致出售配额产生的资金无法转出，此时企业因资金账户存在资金余额无法解绑后换绑正确的银行实体卡，企业应如何解决？

答：拨打客服电话与中碳登客户服务部同事核实情况并提供账户信息和联系人信息后，由客户服务部受理。

429. 民生市场通解绑 民生市场通结算渠道下，资金账户出金完成后用户多长时间可以解绑？

答：完成资金账户中全部资金出金后 3 个自然日可以操作解绑。

430. 民生市场通银行页面拦截 民生市场通菜单跳转银行页面被拦截，跳转至民生银行提示“错误码：9999。错误描述：请求参数有误：secuNo 不能为空、context 不能为空”，应如何处理？

答：此提示表示部分浏览器设置了弹出窗口拦截。需查看浏览器右上角中弹窗拦截窗口，选择“始终允许显示弹出式窗口和重定向”，点击完成后，再重新打开民生市场通页面完成相应业务操作。不同浏览器操作步骤如下：

（1）Google 浏览器。

方法一：放行拦截。

先点击 Google 浏览器右上角拦截图标，然后选取“始终允许 http：//……显示弹出式窗口和重定向”，点击“完成”后提交。提交完成后请刷新页面再进行业务访问。

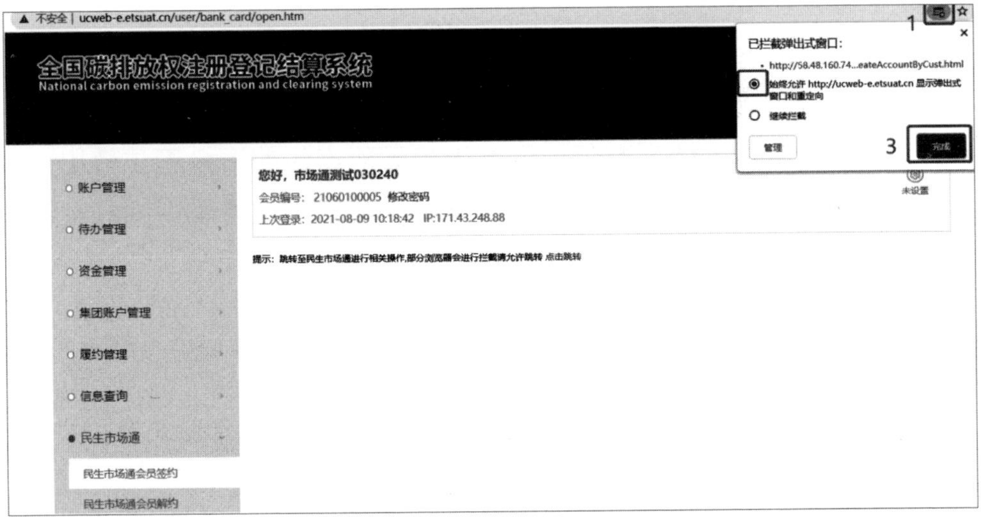

方法二：设置允许弹出窗口。

选择 Google 浏览器右上角设置图标（步骤 1），选择“设置”选项（步骤 2），选取“隐私设置和安全性”菜单（步骤 3），操作“网站设置”内容（步骤 4），翻页选择“弹出式窗口和重定向”（步骤 5），配置勾选“网站可以发送弹出式窗口并使用重定向”（步骤 6），完成设置后，刷新会员页面再进行业务操作。

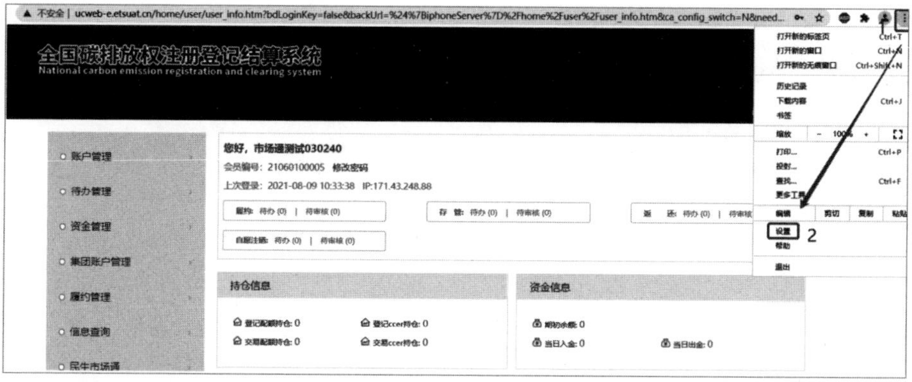
不安全 | ucweb-e.etsuat.cn/home/user/user_info.htm?bdLoginKey=false&backUrl=%24%7BiphoneServer%7D%2Fhome%2Fuser%2Fuser_info.htm&ca_config_switch=N&need...
全国碳排放权注册登记结算系统
National carbon emission registration and clearing system
账户管理
待办管理
资金管理
集团账户管理
履约管理
信息查询
您好，市场通测试030240
会员编号：21060100005 修改密码
上次登录：2021-08-09 10:33:38 IP:171.43.248.88
持仓信息
登记配额持仓: 0
交易配额持仓: 0
登记ccer持仓: 0
交易ccer持仓: 0
资金信息
期初余额: 0
当日入金: 0
当日出金: 0
打开新的标签页 Ctrl+T
打开新的窗口 Ctrl+N
打开新的无痕窗口 Ctrl+Shift+N
历史记录
下载内容 Ctrl+J
书签
缩放 - 100% +
打印... Ctrl+P
投射...
查找... Ctrl+F
更多工具
编辑 剪切 复制 粘贴
设置
2
帮助
退出

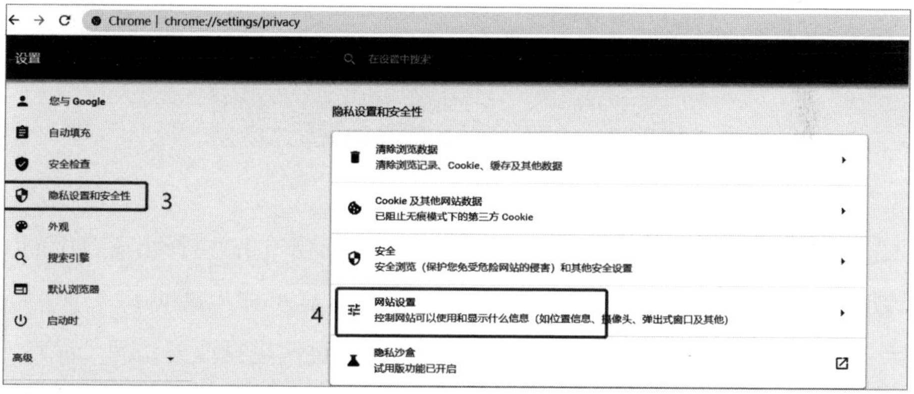
Chrome | chrome://settings/privacy
设置
在设置中搜索
您与 Google
自动填充
安全检查
隐私设置和安全性
3
外观
搜索引擎
默认浏览器
启动时
高级
隐私设置和安全性
清除浏览数据
清除浏览记录、Cookie、缓存及其他数据
Cookie 及其他网站数据
已阻止无痕模式下的第三方 Cookie
安全
安全浏览（保护您免受危险网站的侵害）和其他安全设置
4
网站设置
控制网站可以使用和显示什么信息（如位置信息、摄像头、弹出式窗口及其他）
隐私沙盒
试用版功能已开启

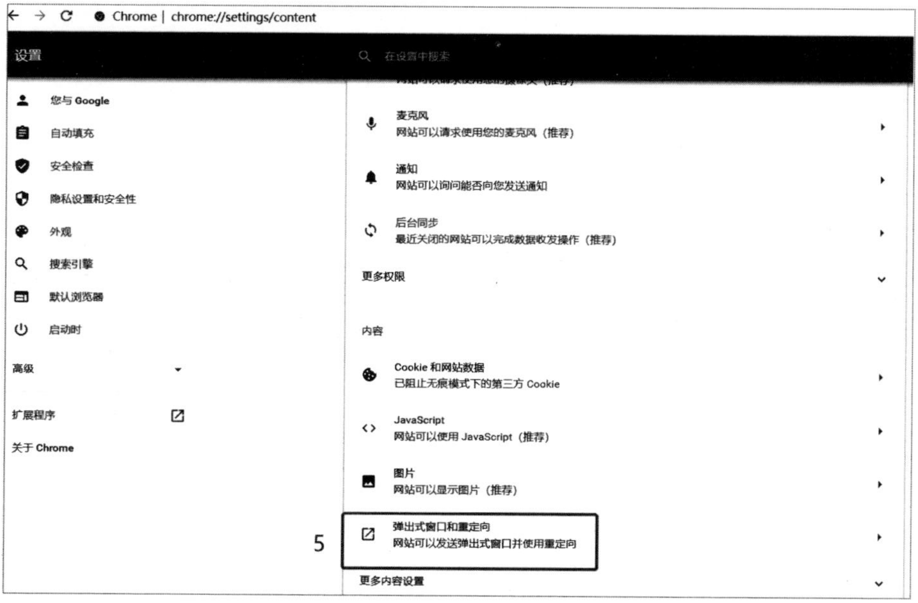
Chrome | chrome://settings/content
设置
在设置中搜索
您与 Google
自动填充
安全检查
隐私设置和安全性
外观
搜索引擎
默认浏览器
启动时
高级
扩展程序
关于 Chrome
麦克风
网站可以请求使用您的麦克风（推荐）
通知
网站可以询问能否向您发送通知
后台同步
最近关闭的网站可以完成数据收发操作（推荐）
更多权限
内容
Cookie 和网站数据
已阻止无痕模式下的第三方 Cookie
JavaScript
网站可以使用 JavaScript（推荐）
图片
网站可以显示图片（推荐）
5
弹出式窗口和重定向
网站可以发送弹出式窗口并使用重定向
更多内容设置

（2）360 浏览器。

选择 360 浏览器上方“已拦截弹出式窗口”（步骤 1），选择小窗口中的“设置”功能（步骤 2），然后去除“不允许任何网站显示弹出式窗口”前的勾选（步骤 3），关闭设置菜单后，刷新登记前台页面，再次进行业务访问（注意：步骤 2 不建议选择“允许弹出”，此处点击“允许弹出”后，会打开一次，但是后续再次打开时会报错“请求参数有误：secuNo 不能为空、context 不能为空”）。

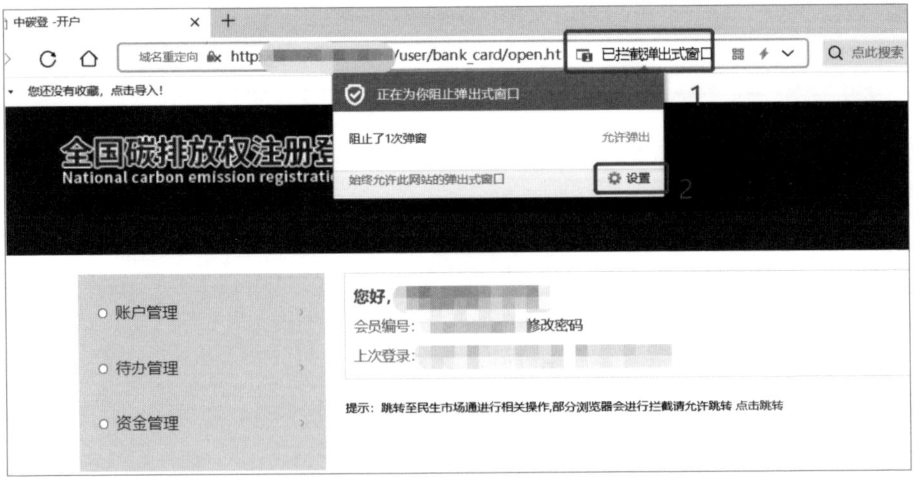

431. 农行银碳服支持银行 农业银行农行银碳服结算渠道支持哪些银行？

答： 签约农行银碳服的银行账户只能为在中国农业银行开立的同名账户。

432. 农行账户绑定流程 农行账户是否需要小额入金验证？

答： 不需要。

433. 农行银行账户更换 农行结算渠道下，如何更换银行实体账户为农行另一账户？

答： 可直接登录农行网银进行换绑操作，具体操作步骤见《农行签约绑定实体账户、资金子账户（交易资金账户）激活及变更实体账户操作指引》（会根据系统功能更新情况调整更新）。

434. 银行卡绑定失败 绑定银行卡时出现“银行卡绑定失败，原因：支付途径状态非正常”应如何处理？

答：此提示表示在非交易时间段内进行了绑定操作或操作流程不正确。请按如下情况进行排查处理：

① 若为在非交易时间段进行银行实体卡绑定操作，于交易时间段内（9:30—15:00）重新操作即可；

② 若为操作流程不正确，在还未进行民生市场通签约的情况下绑定银行账户，此时应停止绑定操作，先进行民生市场通签约，于签约完成后再进行银行实体卡绑定。

（七）资金及结算相关问题

435. 银行出入金时间 出入金是否有时间限制？

答：有。需在交易日 9:30—15:00 时间段操作。

436. 历史成交查询 如何在系统中查看历史成交情况？

答：通过“资金管理”下拉菜单中的“成交信息查询”进行查询。

437. 持有资金查询 如何在系统中查看账户持有资金？

答：通过“资金管理”下拉菜单中的“资金账户余额”查看账户持有的

资金。

438. 资金变动查询 如何在系统中查看账户资金变动情况？

答：通过“资金管理”下拉菜单中的“资金明细”查看账户资金流水。

439. 获取结算数据时间 何时可以获取结算数据?

答：实行当日结算制度。当日 15:00 交易结束后，对市场参与人的成交价款、交易服务费、结算费等款项进行结算。市场参与人可在交易日 17:00 左右登录全国碳排放权注册登记系统获取相关的结算数据。

440. 期初余额 系统首页中显示的期初余额是指什么?

答：期初余额是指经过上一日结算后，当日还未交易或出入金时的账户余额。

（八）CA 证书下载及 USBKey 使用相关问题

441. USBKey；证书下载 如何下载 USBKey 及证书驱动？

答：打开系统网页后，点击登录页面右下角的“下载证书驱动”（登录按钮下方）进行下载。

442. 下载证书 如何下载 CA 证书?

答： 下载 CA 证书前需插入 USBKey，打开系统登录页面，点击右下角“下载证书”后，在证书下载页面，用参考号和授权码进行下载（CA 证书下载到 USBKey 中）。CA 证书下载具体操作流程见《全国碳排放权注册登记结算系统 USBKey 使用手册（重点排放单位版）》（会根据系统功能更新情况调整更新）。

443. 下载证书 CA 证书是否每次登录前均需下载?

答： 不需要，CA 证书下载到 USBKey 中，仅需于第一次登录时下载。证书下载完成后，每次登录系统前确保 USBKey 插入成功以及驱动运行正常即可。

444. 证书下载使用 一个证书是否可以下载到多个 USBKey 中使用？

答： 不可以，每个账户的 CA 证书只能被正常下载一次，只能存放于一个 USBKey 中。

445. 多个账号登录 是否可以一台电脑登录多个账号?

答： 可以，登录前请确保已安装对应证书的 USBKey 已插入成功。

446. USBKey 插入 如何确认 USBKey 插入成功?

答： 插入 USBKey 后，双击图标，按下图确认 USBKey 是否插入成功。

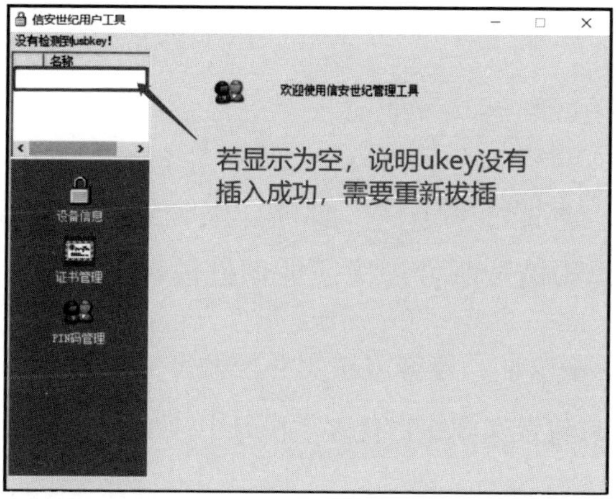

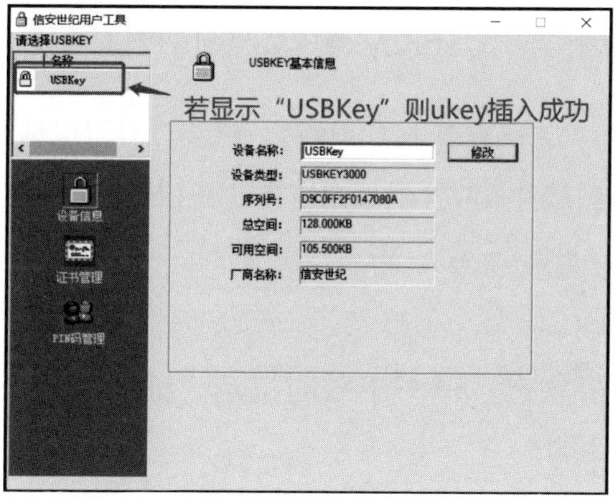

447. PIN 码 PIN 码是多少？

答： 默认 PIN 码为 1234。

448. 换设备登录系统 是否必须固定一台电脑登录系统，换电脑登录是否需要重新下载证书？

答： 可以换电脑登录系统，需确保更换使用的电脑中已经安装 USBKey 及证书驱动。证书下载 USBKey 后无须重新下载，登录系统前需保证 USBKey 插入成功。

449. 未收到；遗失证书短信；邮件 未收到 CA 证书二码短信及邮件或者二码短信及邮件遗失应如何处理？

答：请拨打客服电话，待客服核实并按照客服要求提供材料后，进行 CA 证书重发。重发信息将发送到账户代表手机号中。

450. USBKey 补办 USBKey 遗失如何补办？

答：此时需补发二码并补办 USBKey。请拨打客服电话登记后，提交填妥并加盖公章的《全国碳排放权注册登记结算系统 USBKey 更换业务申请表》（见附件 6，若有更新以最新版为准）并寄送纸质件。

451. 证书下载状态 证书下载时提示“证书状态不是待下载状态”应如何处理？

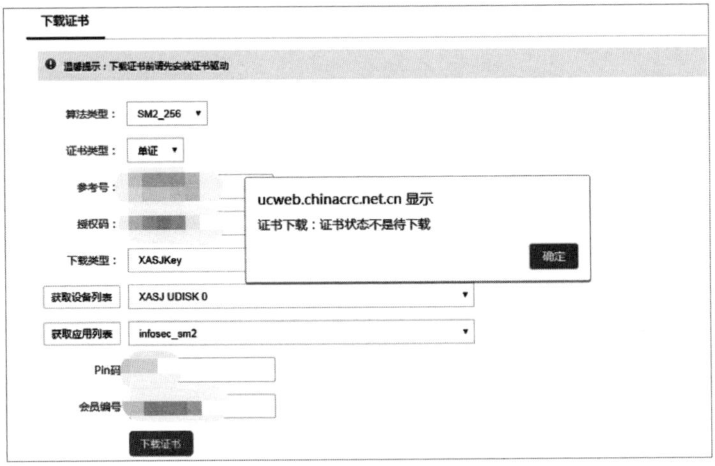

答：此提示说明证书已被下载。需检查 USBKey 中是否有账号对应的证书。若有证书，可直接进行登录操作；若无证书，则请联系客服按要求更新后，重新下载证书（更新前请确认账户代表信息正确）。查看证书操作步骤如下图所示，三步操作后可查看到证书信息。

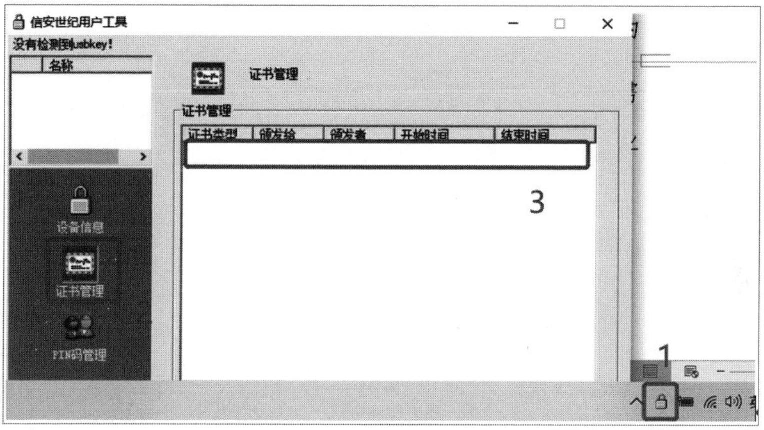

452. 证书下载类型 下载 CA 证书时，下载类型无法选择（“下载类型”的下拉菜单选项为空）应如何处理？

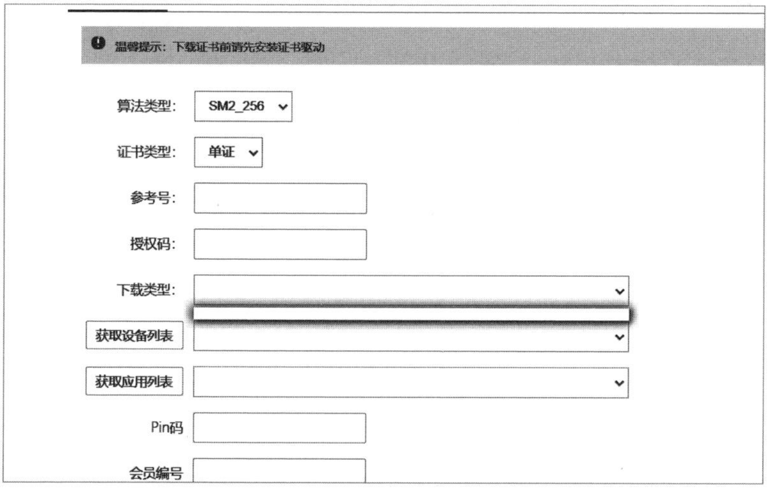

答：此情况说明证书驱动未安装或未正确打开，可按如下步骤解决：

（1）检查 C：\Program Files（x86）\Infosec NetSignCNG\ NetSignCNG 路径下是否存在该程序；

（2）若存在该程序，则右键点击该程序，选取“以管理员身份运行”，启动程序后，在弹窗提示框中点击“是”运行；

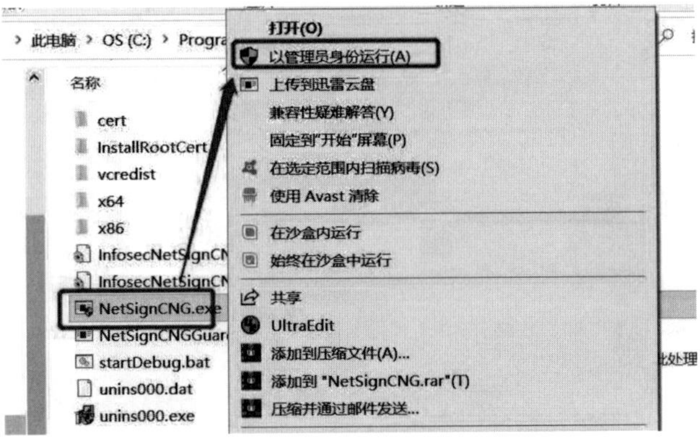

（3）若不存在，则需重新安装证书驱动，即执行 CA 驱动证书文件压缩包中的“NetSignCNG v2.1.152.2.exe”进行驱动安装。

453. 证书下载错误 点击下载证书后，提示“错误码：genCotainerP10|1：CreateContainer，88000039”应如何处理？

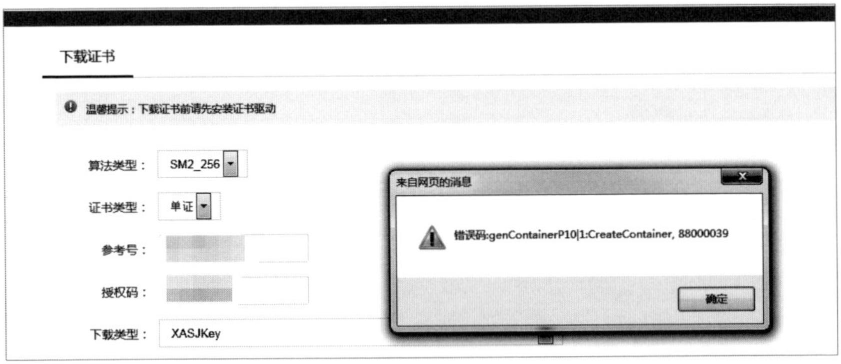

答： 此提示说明USBKey空间已被占满，无法再存储证书。此时需检查USBKey中是否存在相应登记账户会员编号的证书。若存在，用户可直接进行登录；若不存在，需使用空容器清除工具（在系统登录页面点击“下载证书驱动”下载）清除USBKey内的空容器后，重新下载证书。清除USBKey内空容器流程如下：

（1）插入USBKey并确认插入成功；

（2）打开空容器清除工具压缩包，双击“clearContainer1.exe”文件；

（3）在弹出对话框中输入PIN码（若未修改过则为1234，修改过则为修改后PIN码）后，点击“清除空容器”。

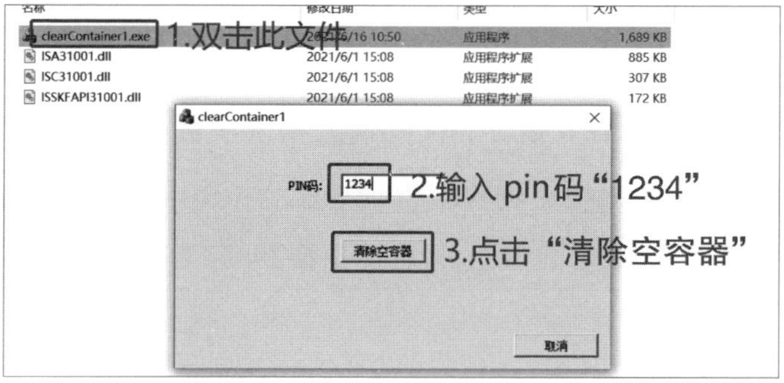

454. 证书下载错误 下载证书时提示“错误码：VerifyPin|1：VerifyPIN，A000024”应如何处理？

答：此提示表示证书下载时 PIN 码输入错误，默认 PIN 码均为“1234”，请核实 PIN 码输入是否正确后，再次提交下载申请。

455. 证书下载错误 下载证书时提示“错误码：VerifyPin|1：VerifyPIN，A000025”应如何处理？

答：此提示表示证书下载时 PIN 码输入错误次数过多导致 PIN 码被锁定，请拨打客服电话登记后，按照资料邮寄地址邮寄 USBKey 及 USBKey 更换说明（见附件 7，若有更新以最新版为准），申请更换新的 USBKey。

456. 证书下载错误 下载证书时提示“错误码：VerifyPin|1：VerifyPIN，A000026”应如何处理？

答：此提示为证书下载时 PIN 码错误。请核实 PIN 码输入是否正确后，再次进行下载（注意：PIN 码连续多次错误后会导致 USBKey 被锁）。

457. 未找到参考号对应的证书信息 下载证书时提示“证书下载：未找到参考号对应的证书信息”应如何处理？

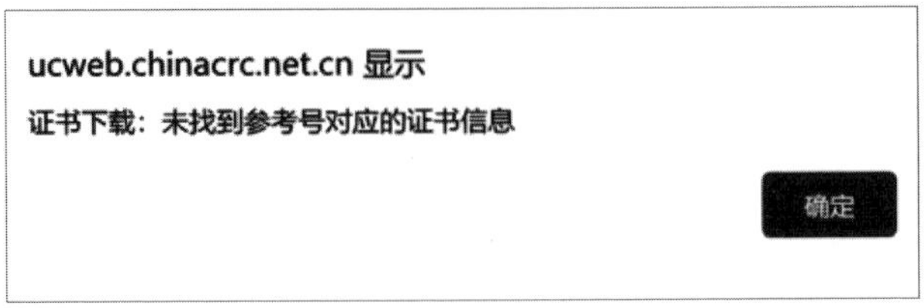

答： 此提示表示下载证书时参考号填写错误，请检查参考号是否正确，重新输入正确的参考号和授权码后再次下载。

458. 授权码无效 下载证书时提示“证书下载：授权码无效”应如何处理？

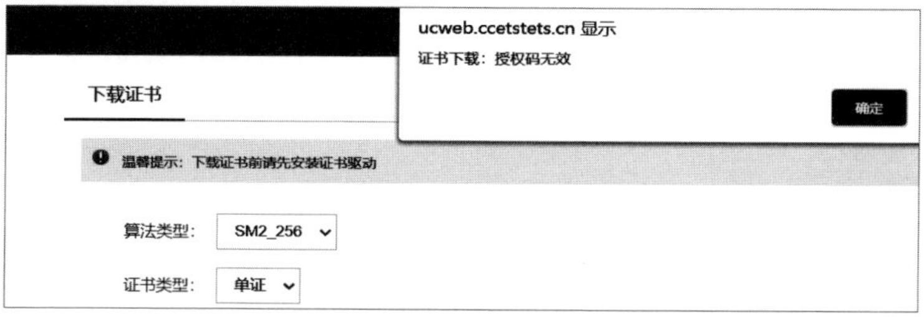

答： 此提示说明授权码信息不存在，请核实授权码和参考码填写是否正确，可在核实二码信息后重新下载。

459. 获取用户信息异常 下载证书提示“获取用户信息异常”应如何处理？

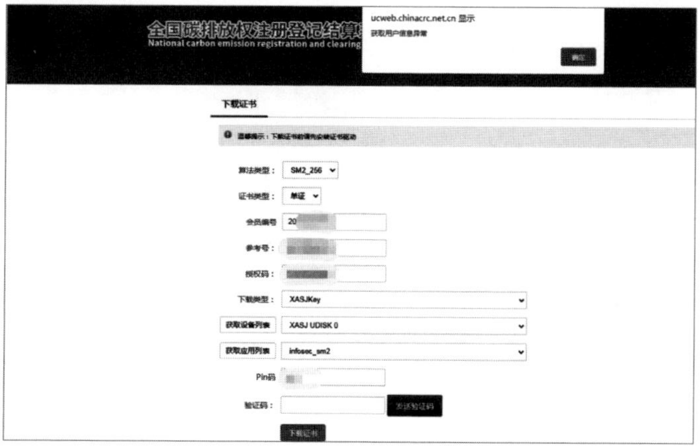

答： 此提示原因为系统未找到对应会员编号的登记账户信息，请核实会员

编号填写是否正确并输入正确的会员编号重新下载证书。

460. 证书下载错误 下载证书时，点击获取设备列表和应用列表后未显示 USBKey 信息应如何处理？

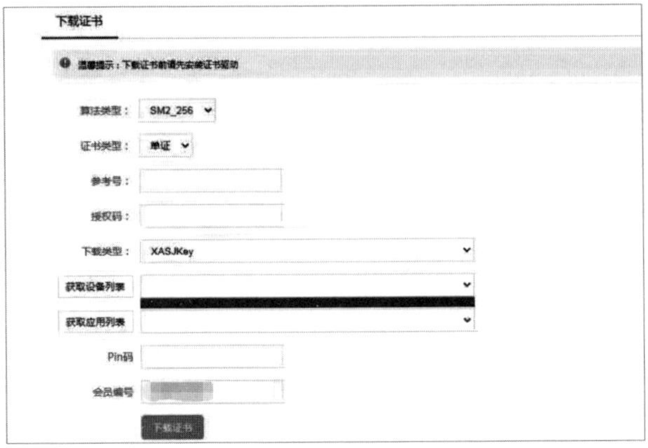

答：此提示原因为系统未获取到 USBKey 信息，请按如下步骤确认 USBKey 是否插入成功：

①确认 USBKey 已接入计算机；

②按下图确认计算机是否已正确识别 USBKey 信息。

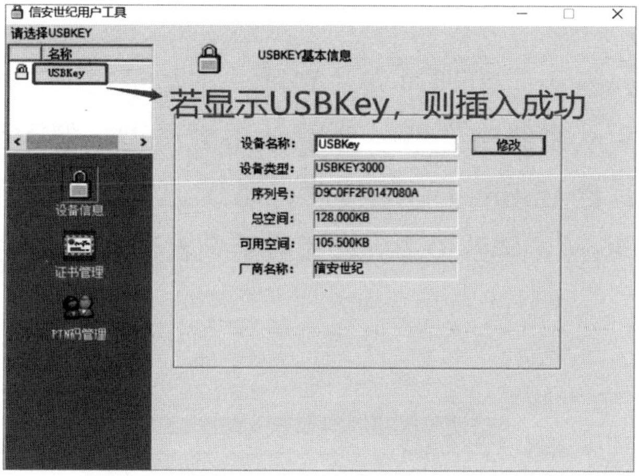

461. 证书下载错误 下载证书时，输入会员编号、二码及验证码等信息后，点击提交下载报错“错误码：genCotainerP10|1：CreateContainer，A00002F”应如何处理?

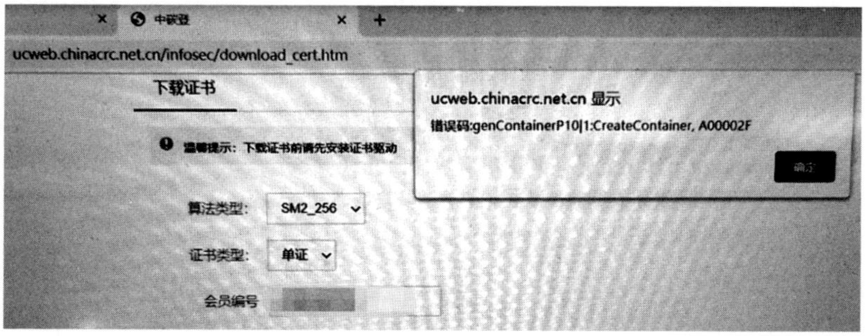

答： 此提示表示已有相同会员编号的证书存在于 USBKey 中。需要请用户核实 USBKey 中是否已存在相应会员编号的证书，若已存在，用户可于登记会员前台直接登录。

462. 设备列表和应用列表无法获取 下载证书时，在页面中下载类型会从系统中选取一个默认下载类型，但因个人电脑中安装过其他 USBKey 驱动程序，系统选择的默认下载类型不为“XASJKey”，导致设备列表和应用列表无法获取应如何处理？

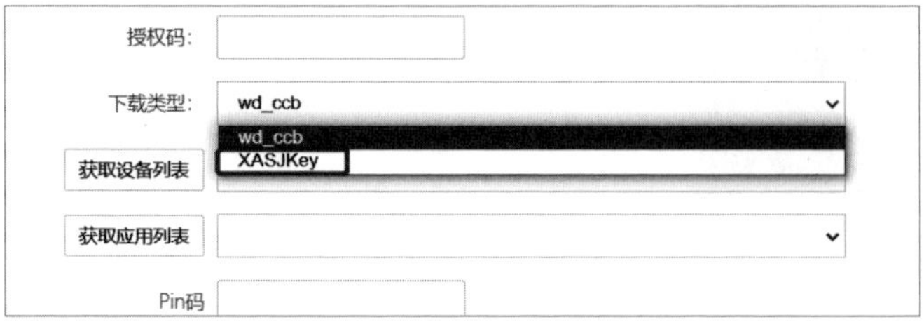

答：此提示表示下载类型选择错误。需要核实下载类型是否为“XASJKey”，若不为“XASJKey”，请于下载类型选择框的下拉菜单中进行选择后重新下载证书。

463. 获取设备列表；应用列表为空 获取设备列表、获取应用列表下拉选项为空，未显示 USBKey 信息应如何处理？

答：此提示表示系统未获取到 USBKey 信息。需检查 USBKey 设备是否接

入计算机，查看计算机是否正确识别 USBKey 信息。

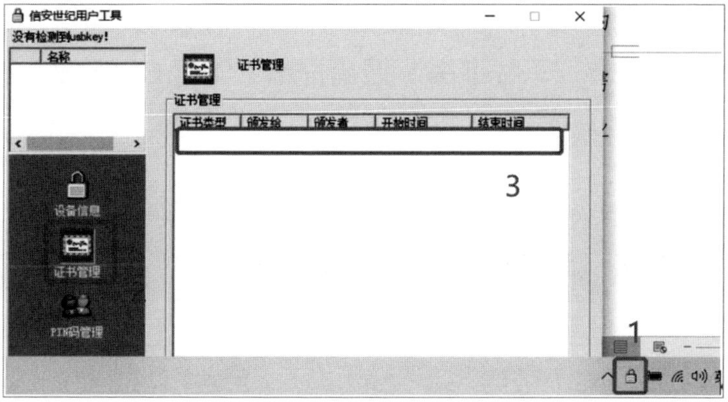

464. 证书下载异常 下载证书界面中，“获取设备列表”或“获取应用列表”内容框显示异常应如何处理？

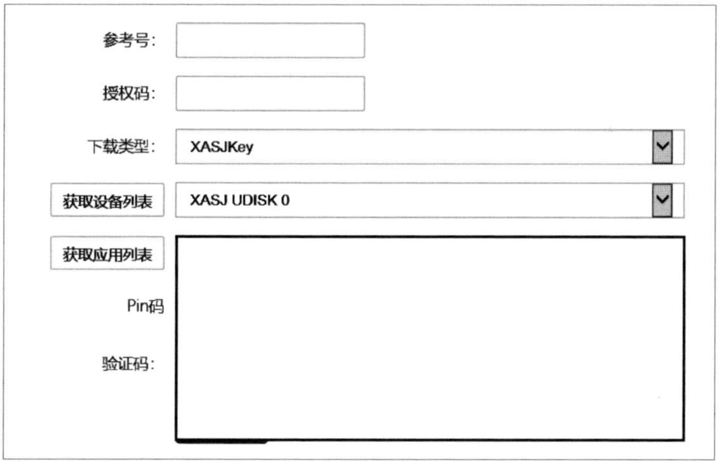

答：此现象表示用户获取设备列表或应用列表时，是点选文本框中下拉菜单导致。获取设备列表或应用列表时，请点击“获取设备列表”或“获取应用列表”文本框进行操作。

465. 证书下载失败 用户下载证书时，输入会员编号、二码及 PIN 码后，点击“下载证书”报错提示“调用 CA 下载证书失败”应如何处理？

答：此提示表示下载时未正确调用 CA 证书下载接口。需要用户核实并输入正确的会员编号、参考号、授权码后，重新发起证书下载。

466. PIN 码锁定 PIN 码输错多少次会被锁定？

答：目前 PIN 码累计输错 10 次会被锁定（输入正确一次后前期累计错误次数归零），故若下载证书时有报错提示，请先及时排查问题后再尝试下载。

467. 登录错误 登录系统时提示“输入参数错误”应如何处理?

答: 此提示表示登录程序调用证书驱动时权限不够，可按如下方案进行解决:

方案 1：查看任务管理器启动的进程中是否有 NetSignCNG Module 进程（如下图所示），若存在，需于操作结束或终止进程后，再查找 C 盘目录中 C：\Program Files（x86）\Infosec NetSignCNG\ NetSignCNG 的驱动程序文件以管理员方式手动运行。

访问 C：\Program Files（x86）\Infosec NetSignCNG\ NetSignCNG 路径下程序，右键选择“以管理员身份运行”启动程序后（操作如下图）再次登录（注

意：一定要用管理员身份运行）。

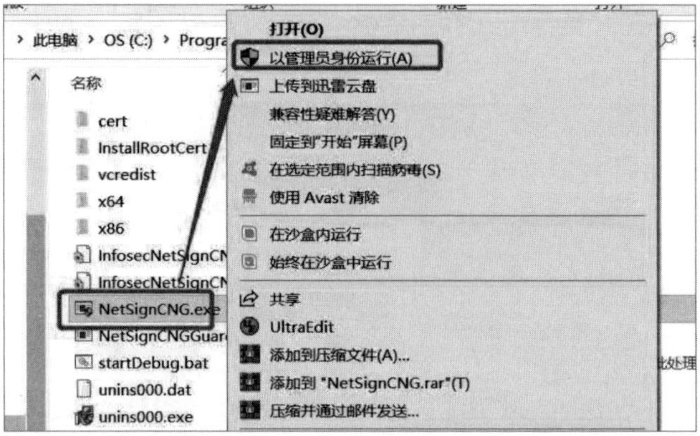

方案 2：右键管理员权限重新安装 NetSignCNG 驱动程序，访问 C：\Program Files（x86）\Infosec NetSignCNG\ NetSignCNG 路径下程序，右键选择“以管理员身份运行”启动程序。

方案 3：可以尝试重启计算机后再次登录。

468.（登录失败）登录时提示“未找到指定证书！请先去下载证书”应如何处理？

答：此提示为用户登录时未找到对应输入的登记账户会员编号的证书信息，

可按如下步骤排查原因并解决：

（1）检查输入的会员编号是否正确且会员编号前后是否含有空格字符。若有空格字符，删除空格字符后再次登录。

（2）检查 USBKey 是否正确识别：若正确识别，USBKey 的“设备信息”菜单中设备名称、设备类型等均有显示；若未正确识别，则需将 USBKey 进行拔插后，再次查看。

（3）检查 USBKey 中是否有相应会员编号的证书，若无证书，需于登录界面点击“下载证书”，于证书下载成功后再登录。

（4）若不存在，则需执行 CA 驱动证书文件压缩包中的“NetSignCNG v2.1.152.2.exe”进行驱动安装。

469. 登录错误 登录时提示“校验码输入错误”应如何处理？

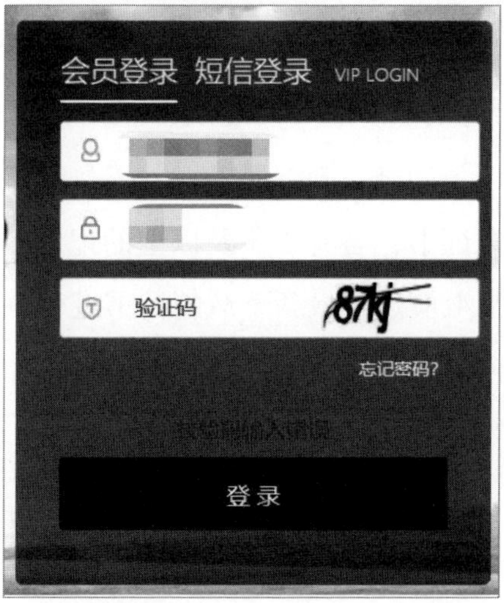

答：此提示表示校验码验证未通过，可按如下步骤解决：

（1）核实校验码输入是否正确；

（2）关闭浏览器页面或刷新页面，使校验码刷新后再重新登录。

470. 登录错误 登录时提示“The SignCert has been revoked”应如何处理？

答：此提示表示所选的 CA 证书已过期，需检查 USBKey 的证书管理中有几条证书信息。若只有 1 条记录，则需联系业务人员确认证书是否已更新，需根据更新后的二码重新下载证书；若有 2 条及以上的记录，则可选择其他的证书尝试进行登录（注意：原则上应选择最新下载的证书进行登录）。

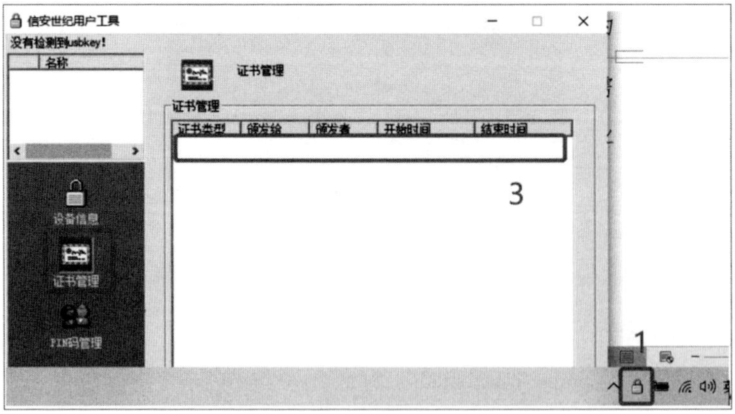

471. 清空空容器失败 清空空容器操作时，输入 PIN 码后，提示“枚举设备失败”应如何处理？

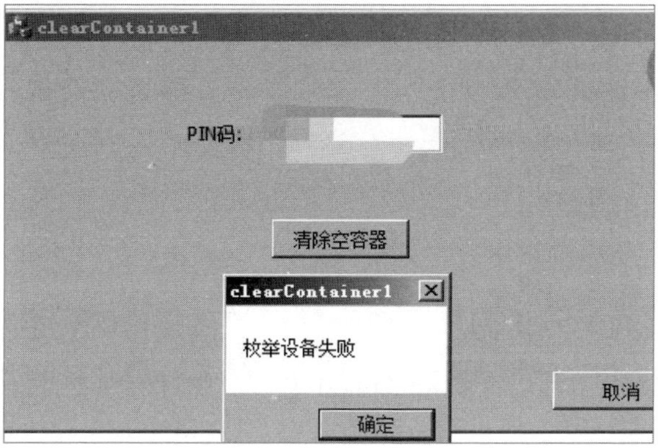

答： 此现象为用户清空 USBKey 空容器时，系统未识别到 USBKey 设备导致。需要用户核实是否将 USBKey 连接在 USB 接口中或将 USBKey 设备拔插，检查 USBKey 插入成功后，再次发起操作。

472. 登录页面无反应 点击登录后页面无反应该如何处理？

答： 说明登录程序无权限调用驱动程序或驱动未运行。需要找到 C：\Program Files（x86）\Infosec NetSignCNG\ NetSignCNG 路径下程序，右键选择“以管理员身份运行”启动程序后再次登录。若 C 盘目录下无此文件，则需安装 NetSignCNG v2.1.152.2.exe 驱动程序后再登录。

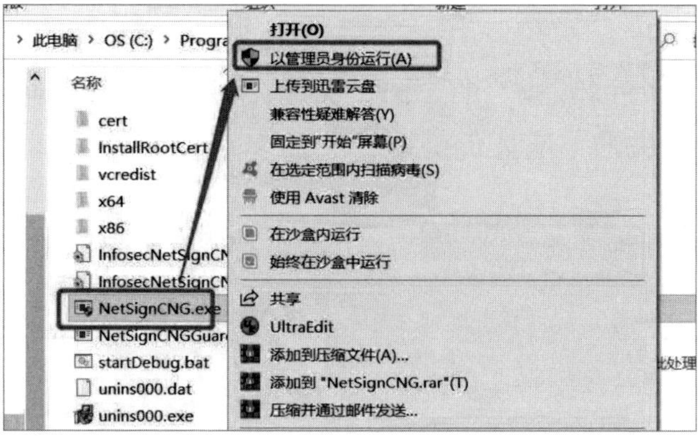

473. 前台页面无法访问 用户于登记前台操作时，显示当前页面无法访问且查看访问域名后缀显示包含 csrf.html 信息应如何处理？

答： 请清理浏览器缓存。

474. 登录页面无法打开 用户无法打开登录页面应如何处理？

答： 请拨打客服电话，提供计算机 IP 地址，待注册登记机构在网络安全设备更新配置策略后再次发起操作。

附件 1：

省级主管部门 USBKey 更换业务申请表

<table>
<tr><td colspan="4">省级主管部门申请单位填写</td></tr>
<tr><td>申请单位</td><td colspan="3"></td></tr>
<tr><td>申请日期</td><td colspan="3"></td></tr>
<tr><td>申请业务</td><td colspan="3">□ USBKey 遗失　　□ USBKey 锁死
□其他原因</td></tr>
<tr><td>用户编号</td><td></td><td>用户名称</td><td></td></tr>
<tr><td>情况说明</td><td colspan="3">本单位因工作需要提出上述业务申请，所提供信息及相关材料属实。

领导签字（盖章）：</td></tr>
<tr><td colspan="4">全国碳排放权注册登记机构填写</td></tr>
<tr><td>业务经办人</td><td></td><td>办理日期</td><td></td></tr>
<tr><td>部门经理意见</td><td colspan="3"></td></tr>
<tr><td>分管领导意见</td><td colspan="3"></td></tr>
</table>

附件 2：

省级主管部门账户密码重置业务申请表

<table>
<tr><td colspan="4">省级主管部门申请单位填写</td></tr>
<tr><td>申请单位</td><td colspan="3"></td></tr>
<tr><td>申请日期</td><td colspan="3"></td></tr>
<tr><td>申请业务</td><td colspan="3">☐ VPN 密码重置　　☐账户密码重置
☐其他</td></tr>
<tr><td>用户编号</td><td></td><td>用户名称</td><td></td></tr>
<tr><td>接收重置密码邮箱</td><td colspan="3"></td></tr>
<tr><td>情况说明</td><td colspan="3">本单位因工作需要提出上述业务申请，所提供信息及相关材料属实。

领导签字（盖章）：</td></tr>
<tr><td colspan="4">全国碳排放权注册登记机构填写</td></tr>
<tr><td>业务经办人</td><td></td><td>办理日期</td><td></td></tr>
<tr><td>部门经理意见</td><td colspan="3"></td></tr>
<tr><td>分管领导意见</td><td colspan="3"></td></tr>
</table>

附件 3：

账户信息变更业务申请表

<table>
<tr><td rowspan="17">市场参与方填写</td><td colspan="2">业务申请日期</td><td colspan="3">年　月　日</td></tr>
<tr><td colspan="2">市场参与方名称</td><td colspan="3">（更改前名称）</td></tr>
<tr><td colspan="2">登记账户会员编号</td><td colspan="3"></td></tr>
<tr><td rowspan="3">业务办理人</td><td>姓名</td><td></td><td>电话</td><td></td></tr>
<tr><td>邮箱</td><td colspan="3"></td></tr>
<tr><td>身份证号</td><td colspan="3"></td></tr>
<tr><td>信息变更项</td><td colspan="4">（　）登记主体基本信息（　）法定代表人信息
（　）账户代表信息　（　）联系人信息</td></tr>
<tr><td colspan="5">（下述仅选填变更后信息）</td></tr>
<tr><td rowspan="7">登记主体基本信息变更</td><td>登记主体名称</td><td colspan="3"></td></tr>
<tr><td>单位类型</td><td></td><td>所属行业</td><td></td></tr>
<tr><td>分类代码</td><td></td><td>类别名称</td><td></td></tr>
<tr><td>省（自治区、直辖市）</td><td colspan="3"></td></tr>
<tr><td>注册地址</td><td colspan="3"></td></tr>
<tr><td>主要生产经营场所地址</td><td colspan="3"></td></tr>
<tr><td>统一社会信用代码</td><td colspan="3"></td></tr>
<tr><td rowspan="2">法定代表人信息变更</td><td>姓名</td><td></td><td>证件类型</td><td></td></tr>
<tr><td>证件号码</td><td colspan="3"></td></tr>
</table>

续表

<table>
<tr><td rowspan="11">市场参与方填写</td><td rowspan="5">账户代表信息变更</td><td>姓名</td><td></td><td>证件类型</td><td></td></tr>
<tr><td>证件号码</td><td colspan="3"></td></tr>
<tr><td>联系地址</td><td colspan="3"></td></tr>
<tr><td>固定电话</td><td></td><td>手机号码</td><td></td></tr>
<tr><td>电子邮箱</td><td colspan="3"></td></tr>
<tr><td rowspan="5">联系人信息变更</td><td>姓名</td><td></td><td>证件类型</td><td></td></tr>
<tr><td>证件号码</td><td colspan="3"></td></tr>
<tr><td>联系地址</td><td colspan="3"></td></tr>
<tr><td>固定电话</td><td></td><td>手机号码</td><td></td></tr>
<tr><td>电子邮箱</td><td colspan="3"></td></tr>
<tr><td>单位公章</td><td colspan="4">上述所提供的变更信息及相关材料属实。若有虚报假报，申请人将承担由此引起的相关损失及法律责任。

法人代表签字（加盖市场参与方公章）：</td></tr>
<tr><td colspan="6">以下由全国碳排放权注册登记机构填写</td></tr>
<tr><td colspan="3">业务经办人</td><td colspan="3"></td></tr>
<tr><td colspan="3">部门经理</td><td colspan="3"></td></tr>
<tr><td colspan="3">分管领导</td><td colspan="3"></td></tr>
<tr><td colspan="3">业务办理日期</td><td colspan="3">年　月　日</td></tr>
</table>

（备注：本表格需双面打印在一张纸上）

附件 4：

全国碳排放权注册登记系统账户代表授权委托书

兹授权本单位__________先生 / 女士（身份证号码：____________________）为本单位在全国碳排放权注册登记系统的账户代表，全权代表本单位开展全国碳排放权注册登记系统的账户使用及管理工作，由此带来的相关责任和后果由本单位承担。

单位名称（盖章）：

法定代表人（签字）：

日期：　　　年　月　日

附件5：

全国碳排放权注册登记系统业务代办授权委托书

兹授权__________先生/女士（身份证号码：__________________________）为本人/本单位在碳排放权登记结算（武汉）有限责任公司进行相关业务办理，全权代表本人/本单位申请办理相关业务，由此带来的相关责任和后果由本人/本单位承担。

自然人/单位名称（盖章）：

自然人/法定代表人（签字）：

日期：　　　年　月　日

附件6：

全国碳排放权注册登记结算系统 USBKey 更换业务申请表

<table>
<tr><td rowspan="11">市场参与方填写</td><td colspan="2">业务申请日期</td><td colspan="3">年 月 日</td></tr>
<tr><td colspan="2">会员名称</td><td colspan="3"></td></tr>
<tr><td colspan="2">会员编号</td><td colspan="3"></td></tr>
<tr><td rowspan="3">账户代表</td><td>姓名</td><td></td><td>电话</td><td></td></tr>
<tr><td>邮箱</td><td colspan="3"></td></tr>
<tr><td>身份证号</td><td colspan="3"></td></tr>
<tr><td colspan="2">更换原因</td><td colspan="3">□ USBKey 遗失 □ USBKey 锁定
□ 其他原因（ ）</td></tr>
<tr><td colspan="2">更换方式</td><td colspan="3">□临柜 □ 寄送</td></tr>
<tr><td colspan="2">收件人姓名</td><td></td><td>收件人电话</td><td></td></tr>
<tr><td colspan="2">寄送地址</td><td colspan="3"></td></tr>
<tr><td colspan="2">单位公章</td><td colspan="3">（盖章处）</td></tr>
<tr><td colspan="6">以下由全国碳排放权注册登记机构填写</td></tr>
<tr><td colspan="3">业务经办人</td><td colspan="3"></td></tr>
<tr><td colspan="3">部门经理</td><td colspan="3"></td></tr>
<tr><td colspan="3">业务办理日期</td><td colspan="3">年 月 日</td></tr>
</table>

附件 7：

关于更换全国碳排放权注册登记结算系统 USBKey 的说明

湖北碳排放权交易中心：

我公司收到的全国碳排放权注册登记结算系统 USBKey（一个）于 2021 年 × 月 × 日由于多次输错 PIN 码被锁死已无法登录系统，现申请更换一个新的 USBKey。

公司名称：

年　月　日

第五章

全国碳排放权交易及交易系统

Carbon

一、基础问题

475. 客户服务 全国碳排放权交易相关工作的客服电话是多少？

答： 021-56903000 转 6601、6602、6603、6605、6606、6607。

476. 邮寄地址 交易账户材料邮寄地址是什么？

答： 邮寄地址查询网址：https://www.cneeex.com/gywm/lxwm/，联系电话：021-56903000。

477. 工作时间 交易相关咨询服务时间？

答： 请于工作日的 9:00—11:30、13:00—17:30 拨打客服电话。

478. 碳交易政策 如何获取全国碳排放权交易相关交易规则及政策？

答： 可以通过上海环境能源交易所官网 https://www.cneeex.com —“全国碳排放权交易”—“政策法规”了解相关信息（https://www.cneeex.com/qgtpfqjy/zcfg/）。

479. 交易机构 目前承担全国碳排放权交易职能的机构是什么？

答： 根据生态环境部《关于发布〈碳排放权登记管理规则（试行）〉〈碳排放权交易管理规则（试行）〉和〈碳排放权结算管理规则（试行）〉的公告》（公告 2021 年第 21 号）的规定，全国碳排放权交易机构成立前，由上海环境能源交易所股份有限公司承担全国碳排放权交易系统账户开立和运行维护等具体工作。

480. 交易主体 哪些重点排放单位可以参与全国碳排放权交易？

答：根据生态环境部《碳排放权交易管理办法（试行）》（生态环境部令第19号）的规定，温室气体排放单位符合下列条件的，应当列入温室气体重点排放单位名录：（1）属于全国碳排放权交易市场覆盖行业；（2）年度温室气体排放量达到2.6万吨二氧化碳当量。省级生态环境主管部门应当按照生态环境部的有关规定，确定本行政区域重点排放单位名录，向生态环境部报告，并向社会公开。

重点排放单位名单根据生态环境部《关于做好2022年企业温室气体排放报告管理相关重点工作的通知》第一条发电行业重点任务中第（五）点确定并公开2022年度重点排放单位名录中规定，由省级生态环境主管部门官方网站向社会公开。

481. 交易产品 全国碳市场的交易产品是什么？

答：根据生态环境部《碳排放权交易管理办法（试行）》（生态环境部令第19号）的规定，全国碳市场的交易产品为碳排放配额，生态环境部可以根据国家有关规定适时增加其他交易产品。

482. 交易方式 全国碳排放权交易有哪些方式？

答：根据生态环境部《碳排放权交易管理规则（试行）》的规定，碳排放权交易应当通过全国碳排放权交易系统进行，可以采取协议转让、单向竞价或者其他符合规定的方式。协议转让包括挂牌协议交易和大宗协议交易。

483. 交易生效 一笔碳排放权交易何时生效？

答： 根据生态环境部《碳排放权交易管理规则（试行）》（公告 2021 年第 21 号）的规定，符合规则达成的交易于成立时即告交易生效，买卖双方应当承认交易结果，履行清算交收义务。

484. 计价单位 全国碳排放配额交易最小计价单位是多少？

答： 根据生态环境部《碳排放权交易管理规则（试行）》（公告 2021 年第 21 号）的规定，碳排放配额交易以“每吨二氧化碳当量价格”为计价单位。

485. 数量单位 全国碳排放配额交易买卖申报量的最小变动计量是多少？

答： 根据生态环境部《碳排放权交易管理规则（试行）》（公告 2021 年第 21 号）的规定，买卖申报量的最小变动计量为 1 吨二氧化碳当量。

486. 价格单位 全国碳排放配额交易买卖申报价格的最小变动计量是多少？

答： 根据生态环境部《碳排放权交易管理规则（试行）》（公告 2021 年第 21 号）的规定，买卖申报价格的最小变动计量为 0.01 元人民币。

二、交易相关问题

（一）挂牌协议交易

487. 挂牌协议 什么是挂牌协议交易?

答：根据生态环境部《碳排放权交易管理规则（试行）》（公告 2021 年第 21 号）的规定，挂牌协议交易是指交易主体通过交易系统提交卖出或买入挂牌申报，意向方对挂牌申报进行协商并确认成交的交易方式。

488. 挂牌协议 挂牌协议交易的成交方式是什么?

答：根据上海环境能源交易所《关于全国碳排放权交易相关事项的公告》（沪环境交〔2021〕34 号）的规定，通过挂牌协议交易开展交易的，意向方查看实时挂单行情，以价格优先的原则，在对手方实时最优 5 个价位内以对手方价格为成交价依次选择，提交申报完成交易。同一价位有多个挂牌申报的，意向方可以选择任意对手方完成交易。成交数量为意向方申报数量。

注：以上系统界面将不定期更新，请以实际操作界面为准。

489. 挂牌协议 挂牌协议的交易时段是多少？

答：根据上海环境能源交易所《关于全国碳排放权交易相关事项的公告》（沪环境交〔2021〕34号）的规定，除法定节假日及上海环境能源交易所公告的休市日外，挂牌协议交易时间为每周一至周五9:30—11:30及13:00—15:00。

490. 挂牌协议 挂牌协议交易的买卖申报数量有何规定？

答：根据上海环境能源交易所《关于全国碳排放权交易相关事项的公告》（沪环境交〔2021〕34号）的规定，目前挂牌协议交易单笔买卖的最大申报数量应当小于10万吨二氧化碳当量。根据生态环境部《碳排放权交易管理规则（试行）》（公告2021年第21号）的规定，交易机构可以根据市场风险状况对挂牌协议交易单笔买卖最大申报数量进行调整。

491. 挂牌协议 挂牌协议交易的涨跌幅有无限制？

答：根据上海环境能源交易所《关于全国碳排放权交易相关事项的公告》（沪环境交〔2021〕34号）的规定，目前挂牌协议交易的成交价格在上一个交易日收盘价的±10%之间确定。根据《碳排放权交易管理规则（试行）》（公告2021年第21号）的规定，交易机构可以根据市场风险状况对涨跌幅比例进行调整。

（二）大宗协议交易

492. 大宗协议 什么是大宗协议交易？

答：根据生态环境部《碳排放权交易管理规则（试行）》（公告2021年第

21 号）的规定，大宗协议交易是指交易双方通过交易系统进行报价、询价并确认成交的交易方式。

493. 大宗协议 大宗协议交易的成交方式是什么？

答：根据上海环境能源交易所《关于全国碳排放权交易相关事项的公告》（沪环境交〔2021〕34 号）的规定，通过大宗协议交易开展交易的，交易主体可发起买卖申报，或与已发起申报的交易对手方进行对话议价或直接与对手方成交。交易双方就交易价格与交易数量等要素协商一致后确认成交。

494. 大宗协议 大宗协议的交易时段是多少？

答：根据上海环境能源交易所《关于全国碳排放权交易相关事项的公告》（沪环境交〔2021〕34 号）的规定，除法定节假日及上海环境能源交易所公告的休市日外，大宗协议交易时间为每周一至周五 13:00—15:00。

495. 大宗协议 大宗协议交易买卖申报数量有何规定？

答：根据上海环境能源交易所《关于全国碳排放权交易相关事项的公告》（沪环境交〔2021〕34 号）的规定，目前大宗协议交易单笔买卖的最小申报数量应当不小于 10 万吨二氧化碳当量。根据生态环境部《碳排放权交易管理规则（试行）》（公告 2021 年第 21 号）的规定，交易机构可以根据市场风险状况对大宗协议交易单笔买卖最小申报数量进行调整。

496. 大宗协议 大宗协议交易的涨跌幅有无限制？

答：根据上海环境能源交易所《关于全国碳排放权交易相关事项的公告》

（沪环境交〔2021〕34 号）的规定，目前大宗协议交易的成交价格在上一个交易日收盘价的 ±30% 之间确定。根据生态环境部《碳排放权交易管理规则（试行）》（公告 2021 年第 21 号）的规定，交易机构可以根据市场风险状况对涨跌幅比例进行调整。

497. 大宗协议 大宗协议交易发起报价有何要求？

答：全国碳排放权交易为全额交易，即买方进行报价或议价时需要有充足的资金，卖方进行报价或议价时需要有充足的持仓，否则报价或议价失败。询价方进行买入方向询价时，询价数量不得大于报价方的报价数量；进行卖出方向询价时，询价金额不得大于报价方报价金额。

498. 大宗协议 大宗协议交易有几种报价方式？

答：大宗协议交易的报价有定向和群组两种方式。定向报价需指定对手方后才能报价，且只有定向客户才能看到并加入询价；群组报价需指定群组后才能报价，群组内无成员时无法报价，报价后只有群组内成员才能看到该报价并进行询价。

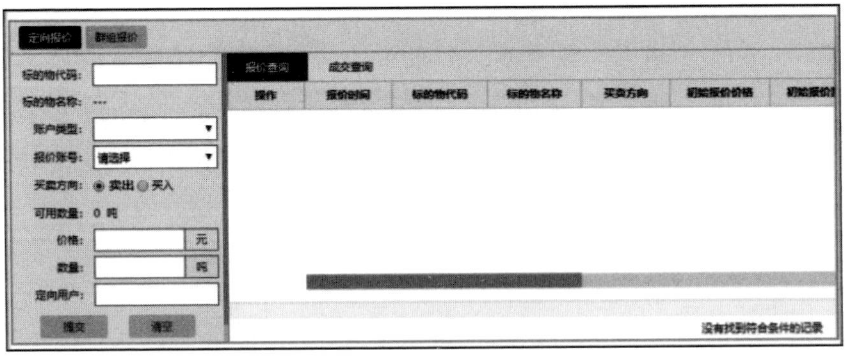

注：以上系统界面将不定期更新，请以实际操作界面为准。

499. 大宗协议 大宗协议交易定向报价方式如何成交？

答：定向报价方式一方确认成交即可成交。

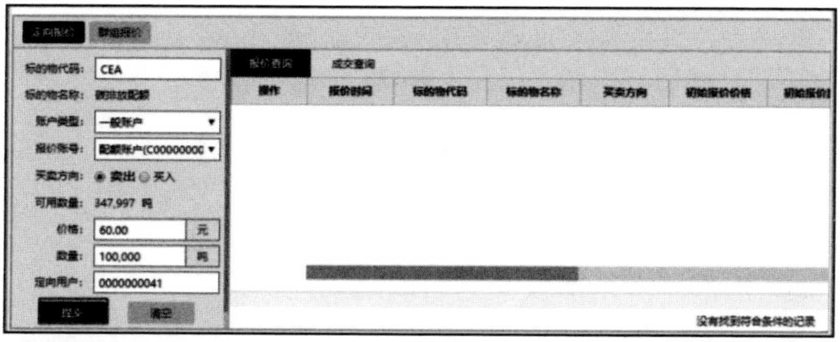

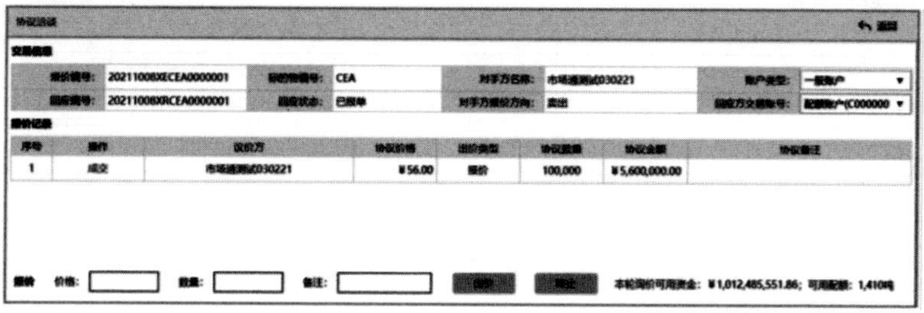

注：以上系统界面将不定期更新，请以实际操作界面为准。

500. 大宗协议 大宗协议交易群组报价方式如何成交？

答：群组报价方式需双方确认才能成交。

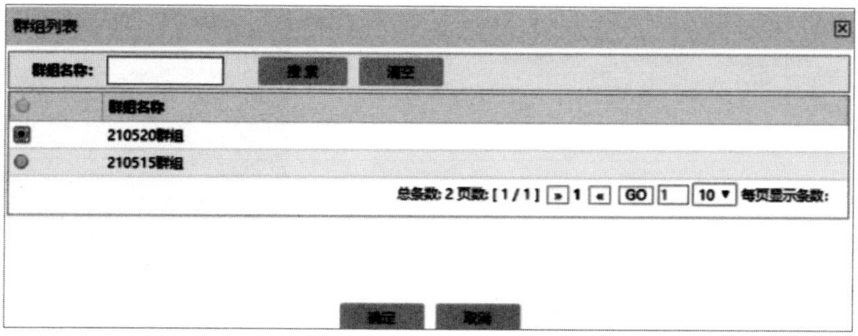

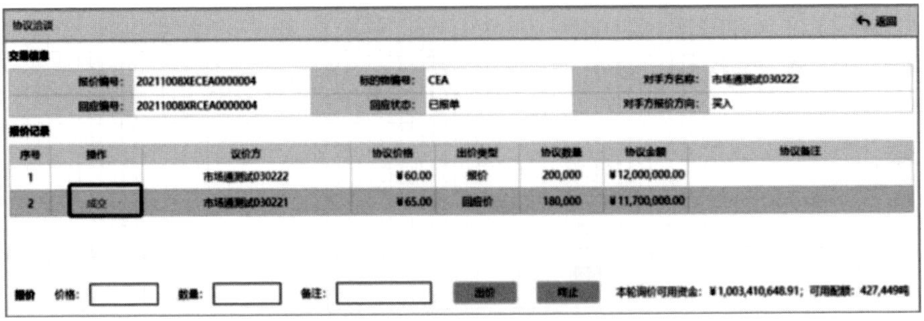

注：以上系统界面将不定期更新，请以实际操作界面为准。

501.（大宗协议）大宗协议交易可以洽谈几次？

答：大宗协议交易报价方可以与每一个询价方进行 5 轮洽谈，双方各自可以出价 5 次。

502.（大宗协议）大宗协议交易群组报价方式中的报价方可以与多个对手方成交吗？

答：大宗协议交易群组报价方可以同时与多个对手方进行议价，但是只能与一个对手方成交。

503.（大宗协议）交易主体进行大宗协议交易时可以在交易系统的备注中输入多少字？

答：大宗协议交易备注字数限制在 500 字以内。

（三）单向竞价

504. 单向竞价 什么是单向竞价交易方式？

答： 根据生态环境部《碳排放权交易管理规则（试行）》（公告 2021 年第 21 号）的规定，单向竞价是指交易主体向交易机构提出卖出或买入申请，交易机构发布竞价公告，多个意向受让方或者出让方按照规定报价，在约定时间内通过交易系统成交的交易方式。根据市场发展情况，交易系统目前提供单向竞买功能。交易机构根据主管部门要求，组织开展配额有偿发放，适用单向竞价相关业务规定。

505. 单向竞价 单向竞价的交易时段是多少？

答： 根据市场发展情况，全国碳排放权交易系统目前尚未开放单向竞价交易方式。单向竞价的交易时段将由上海环境能源交易所另行公告。

（四）其他问题

506. 开盘价 全国碳排放权交易的开盘价是多少？

答： 根据上海环境能源交易所《关于全国碳排放权交易相关事项的公告》（沪环境交〔2021〕34 号）的规定，开盘价为当日挂牌协议交易第一笔成交价。当日无成交的，以上一个交易日收盘价为当日开盘价。

507. 收盘价 全国碳排放权交易的收盘价是多少？

答： 根据上海环境能源交易所《关于全国碳排放权交易相关事项的公告》

（沪环境交〔2021〕34 号）的规定，收盘价为当日挂牌协议交易所有成交的加权平均价。当日无成交的，以上一个交易日的收盘价为当日收盘价。

508. 买卖申报 买卖申报的要素有哪些？

答： 根据上海环境能源交易所《关于全国碳排放权交易相关事项的公告》（沪环境交〔2021〕34 号）的规定，买卖申报应当包括交易主体编号、交易编号、产品代码、买卖方向、申报数量、申报价格及上海环境能源交易所要求的其他内容。

509. 买卖申报 全国碳排放权交易的卖出申报有何限制？

答： 根据生态环境部《碳排放权交易管理规则（试行）》（公告 2021 年第 21 号）的规定，交易主体申报卖出交易产品的数量，不得超出其交易账户内可交易数量。

510. 买卖申报 全国碳排放权交易的买入申报有何限制？

答： 根据生态环境部《碳排放权交易管理规则（试行）》（公告 2021 年第 21 号）的规定，交易主体申报买入交易产品的相应资金，不得超出其交易账户内的可用资金。

511. 买卖申报 交易主体发出的买卖申报指令何时生效？

答： 根据生态环境部《碳排放权交易管理规则（试行）》（公告 2021 年第 21 号）的规定，碳排放配额买卖的申报被交易系统接受后即刻生效，交易主体交易账户内相应的资金和交易产品即被锁定。

512. 买卖申报 交易主体发出的买卖申报指令在多长时间内有效？

答： 根据生态环境部《碳排放权交易管理规则（试行）》（公告 2021 年第 21 号）的规定，碳排放配额买卖的申报在当日交易时间内有效。

513. 撤销申报 交易主体发出的买卖申报指令是否可以撤销？

答： 根据生态环境部《碳排放权交易管理规则（试行）》（公告 2021 年第 21 号）的规定，未成交的买卖申报可以撤销。

514. 撤销申报 交易主体发出的买卖申报指令是否可以部分撤销？

答： 交易主体发出的买卖申报部分成交的，可以撤销未成交部分的委托。

515. 申报失效 未成交且交易主体未撤销的买卖申报应当如何处理？

答： 根据生态环境部《碳排放权交易管理规则（试行）》（公告 2021 年第 21 号）的规定，如未撤销，未成交申报在该日交易结束后自动失效。

516. 申报失效 买卖申报未成交而冻结的资金或配额何时可以使用？

答： 未成交的买卖申报可由交易主体自行撤单或在当日交易结束后由交易系统统一撤单，撤单后的资金和配额将恢复至可用状态。

517. 成交结果 全国碳排放权交易的成交结果以什么为准？

答： 根据生态环境部《碳排放权交易管理规则（试行）》（公告 2021 年第

21 号）的规定，依照规则达成的交易，其成交结果以交易系统记录的成交数据为准。

委托日期	委托时间	操作员代码	标的物代码	标的物名称	买卖方向	挂牌方式	委托数量	委托价格	成交金额	成交量	撤单量	交易账号	状态
2021-09-17	10:25:49	000000004101	test2	测试配额2	卖出	摘牌	200	¥30.00	¥6,000.00	200	0	C000000041801	已成交
2021-09-17	10:25:39	000000004101	test2	测试配额2	买入	摘牌	500	¥30.10	¥15,050.00	500	0	C000000041801	已成交
2021-09-17	10:24:53	000000004101	CEA	碳排放配额	卖出	摘牌	500	¥52.00	¥26,000.00	500	0	C000000041801	已成交
2021-09-15	13:56:51	000000004101	CEA	碳排放配额	买入	摘牌	100	¥52.45	¥5,245.00	100	0	C000000041801	已成交
2021-09-15	13:35:26	000000004101	CEA	碳排放配额	卖出	摘牌	100	¥52.40	¥5,240.00	100	0	C000000041801	已成交
2021-09-15	11:14:06	000000004101	CEA	碳排放配额	买入	摘牌	100	¥52.45	¥5,245.00	100	0	C000000041801	已成交
2021-09-14	14:48:16	000000004101	CEA	碳排放配额	买入	摘牌	200	¥52.50	¥10,500.00	200	0	C000000041801	已成交
2021-09-14	14:28:01	000000004101	CEA	碳排放配额	买入	摘牌	100	¥52.50	¥5,250.00	100	0	C000000041801	已成交
2021-09-14	14:17:06	000000004101	CEA	碳排放配额	卖出	摘牌	300	¥52.35	¥15,705.00	300	0	C000000041801	已成交
2021-09-14	14:10:54	000000004101	CEA	碳排放配额	买入	摘牌	100	¥52.50	¥5,250.00	100	0	C000000041801	已成交
2021-09-14	14:02:24	000000004101	CEA	碳排放配额	卖出	摘牌	100	¥52.35	¥5,235.00	100	0	C000000041801	已成交

注：以上系统界面将不定期更新，请以实际操作界面为准。

518. 清算交收 如何进行碳排放配额的清算交收？

答：根据生态环境部《碳排放权交易管理规则（试行）》（公告 2021 年第 21 号）的规定，碳排放配额的清算交收业务，由注册登记机构根据交易机构提供的成交结果按规定办理。

519. 暂停交易 全国碳排放权交易在什么情况下会被暂停？

答：根据生态环境部《碳排放权交易管理规则（试行）》（公告 2021 年第 21 号）的规定，因不可抗力、不可归责于交易机构的重大技术故障等原因导致部分或者全部交易无法正常进行的，交易机构可以采取暂停交易措施。交易机构采取暂停交易措施时，应当予以公告，并向生态环境部报告。

520. 恢复交易 全国碳排放权交易暂停后如何恢复？

答：根据生态环境部《碳排放权交易管理规则（试行）》（公告 2021 年第 21 号）的规定，导致暂停交易的原因消除后，交易机构应当及时恢复交易。交易机构采取恢复交易措施时，应当予以公告，并向生态环境部报告。

521. 协调机制 全国碳排放权交易的交易系统与注册登记系统是否互通？

答： 根据生态环境部《碳排放权交易管理规则（试行）》（公告 2021 年第 21 号）的规定，交易机构应当与注册登记机构建立管理协调机制，实现交易系统与注册登记系统的互通互联，确保相关数据和信息及时、准确、安全、有效交换。

三、交易信息披露相关问题

522. 碳交易行情 如何查看全国碳排放权交易的最新行情？

答： 可以通过上海环境能源交易所官网—“市场行情”—“全国碳市场行情”了解每日发布的实时交易行情，或通过“全国碳交易”微信公众号查看每日交易行情。

523. 历史行情 如何查看全国碳排放权交易的历史行情？

答： 可以通过上海环境能源交易所官网—“全国碳排放权交易”—“交易数据”（https：//www.cneeex.com/qgtpfqjy/jysj/）查看历史交易行情，或通过“全国碳交易”微信公众号查看历史交易行情。

524. 大宗协议 大宗协议交易的成交信息是否计入即时行情？

答： 根据上海环境能源交易所《关于全国碳排放权交易相关事项的公告》

（沪环境交〔2021〕34 号）的规定，目前大宗协议交易成交信息不纳入上海环境能源交易所发布的即时行情。

525. 大宗协议 大宗协议交易的成交额及成交量如何披露？

答：大宗协议交易的成交量、成交额在交易结束后计入当日成交总量、成交总额。

526. 信息披露 交易机构如何进行全国碳排放权交易的信息披露？

答：根据生态环境部《碳排放权交易管理规则（试行）》（公告 2021 年第 21 号）的规定，交易机构应建立信息披露与管理制度，并报生态环境部备案。交易机构应当在每个交易日发布碳排放配额交易行情等公开信息，定期编制并发布反映市场成交情况的各类报表。

四、交易监管相关问题

527. 市场调节 主管部门如何对全国碳市场进行调节？

答：根据生态环境部《碳排放权交易管理规则（试行）》（公告 2021 年第 21 号）的规定，生态环境部可以根据维护全国碳市场健康发展的需要，建立市场调节保护机制。当交易价格出现异常波动触发调节保护机制时，生态环境部可以采取公开市场操作、调节国家核证自愿减排量使用方式等措施，进行必要的市场调节。

528. 监督管理 主管部门如何对交易机构和交易活动进行监督管理？

答：根据生态环境部《碳排放权交易管理规则（试行）》（公告 2021 年第 21 号）的规定，生态环境部加强对交易机构和交易活动的监督管理，可以采取询问交易机构及其从业人员、查阅和复制与交易活动有关的信息资料，以及法律法规规定的其他措施等进行监管。

529. 风险控制 交易机构如何对全国碳排放权交易进行风险控制？

答：根据生态环境部《碳排放权交易管理规则（试行）》（公告 2021 年第 21 号）的规定，交易机构对全国碳排放权交易进行实时监控和风险控制，监控内容主要包括交易主体的交易及其相关活动的异常业务行为，以及可能造成市场风险的全国碳排放权交易行为。

530. 异常行为 交易机构发现交易主体的异常行为后可以采取哪些措施？

答：根据上海环境能源交易所《关于全国碳排放权交易相关事项的公告》（沪环境交〔2021〕34 号）的规定，对于交易主体的异常业务行为及可能造成市场风险的交易行为，交易机构可以采取电话提醒、要求报告情况、提交书面承诺、约见谈话，以及公开提示、限制资金或者交易产品的划转和交易、限制相关账户使用等处理措施。

531. 最大持仓量 交易主体的碳配额持仓量是否受到限制？

答：根据生态环境部《碳排放权交易管理规则（试行）》（公告 2021 年第 21

号）的规定，交易机构实行最大持仓量限制制度，交易主体交易产品持仓量不得超过交易机构规定的限额。交易机构可以根据市场风险状况，对最大持仓量限额进行调整。

532. 大户报告 交易主体的碳配额持有量达到一定标准后，是否需要进行报告？

答：根据生态环境部《碳排放权交易管理规则（试行）》（公告 2021 年第 21 号）的规定，交易主体的持仓量达到交易机构规定的大户报告标准的，交易主体应当向交易机构报告。

533. 风险警示 交易机构如何进行全国碳排放权交易风险警示？

答：根据生态环境部《碳排放权交易管理规则（试行）》（公告 2021 年第 21 号）的规定，交易机构实行风险警示制度。交易机构可以采取要求交易主体报告情况、发布书面警示和风险警示公告、限制交易等措施，警示和化解风险。

534. 风险准备金 交易机构是否储备了一定风险准备金？

答：根据生态环境部《碳排放权交易管理规则（试行）》（公告 2021 年第 21 号）的规定，交易机构应当建立风险准备金制度。风险准备金是指由交易机构设立，用于为维护碳排放权交易市场正常运转提供财务担保和弥补不可预见风险带来的亏损的资金。风险准备金应当单独核算，专户存储。

535. 异常交易监控 交易机构对于异常交易可以如何处理？

答：根据生态环境部《碳排放权交易管理规则（试行）》（公告 2021 年第

21号）的规定，交易机构实行异常交易监控制度。交易主体违反本规则或者交易机构业务规则，对市场正在产生或者将产生重大影响的，交易机构可以对该交易主体采取以下临时措施：①限制资金或者交易产品的划转和交易；②限制相关账户使用。上述措施涉及注册登记机构的，应当及时通知注册登记机构。

536. 内幕信息 哪些全国碳排放权交易信息是内幕信息？

答：根据生态环境部《碳排放权交易管理规则（试行）》（公告2021年第21号）的规定，全国碳排放权交易活动中，涉及交易经营、财务或者对碳排放配额市场价格有影响的尚未公开的信息及其他相关信息内容，属于内幕信息。

537. 内幕信息 知晓全国碳排放权交易内幕信息的人是否可以从事全国碳排放权交易活动？

答：根据生态环境部《碳排放权交易管理规则（试行）》（公告2021年第21号）的规定，禁止内幕信息的知情人、非法获取内幕信息的人员利用内幕信息从事全国碳排放权交易活动。

538. 信息保护 交易主体参与全国碳排放权交易产生的相关信息是否受到保护？

答：根据生态环境部《碳排放权交易管理规则（试行）》（公告2021年第21号）的规定，交易机构对全国碳排放权交易相关信息负有保密义务。交易机构工作人员应当忠于职守、依法办事，除用于信息披露的信息之外，不得泄露所知悉的市场交易主体的账户信息和业务信息等信息。交易系统软硬件服务提供者等全国碳排放权交易或者服务参与、介入相关主体不得泄露在全国碳排放权交易或者服务中获取的商业秘密。

539. 法律责任 交易账户下发生的各项活动由谁承担法律责任？

答：根据上海环境能源交易所《关于全国碳排放权交易相关事项的公告》（沪环境交〔2021〕34号）的规定，交易账户下发生的一切活动均视为交易主体自身行为，由交易主体承担相应法律责任。交易主体应当妥善保管交易账户及密码等信息。

五、交易账户相关问题

（一）交易账户开户

540. 交易主体 谁可以参与全国碳排放权交易？

答：根据生态环境部《碳排放权交易管理办法（试行）》（生态环境部令第19号）的规定，重点排放单位以及符合国家有关交易规则的机构和个人，是全国碳排放权交易市场的交易主体。现阶段，全国碳排放权交易市场的交易主体全部为重点排放单位。

541. 交易主体 机构什么时候可以参与全国碳排放权交易？

答：现阶段，全国碳排放权交易市场的交易主体全部为重点排放单位，机构入市工作将根据相关规定有序推进。

542. 交易主体 个人什么时候可以参与全国碳排放权交易？

答：现阶段，全国碳排放权交易市场的交易主体全部为重点排放单位，个人入市工作将根据相关规定有序推进。

543. 交易账户 如何获取交易账户？

答：重点排放单位递交开户材料后，由上海环境能源交易所对材料进行审核，对审核通过的企业发起开户操作。在交易主体完成银行账户绑定并激活后，交易系统将发送短信至账户代表人手机号（一般为银行账户激活日当日 17:00 点前），短信内容包括交易系统客户号、操作员账号和初始密码。

544. 账户代表人 谁代表交易主体进行系统操作和账户管理？

答：经授权的账户代表人负责进行系统操作和账户管理，交易主体的账户代表人即为默认操作员。

545. 账户代表人 不同交易主体能否设置同一账户代表人？

答：不能，交易主体在全国碳排放权交易系统中的账户代表人应为本单位在职人员，不同交易主体不得填写同一账户代表人，姓名、身份信息、联系电话、电子邮箱等信息均不能重复。

546. 操作员 每个交易账户可以有几个操作员？

答：根据上海环境能源交易所《关于全国碳排放权交易相关事项的公告》（沪环境交〔2021〕34 号）的规定，交易主体可以根据业务需要申请多个操作员和相应的账户操作权限。如有更新，以最新发布的相关政策为准。

547. 联系人 交易主体的联系人有什么职责？

答：联系人负责沟通联系系统操作、账户管理等事宜，账户代表人和联系人可为同一人。

548. 联系人 不同交易主体能否设置同一联系人？

答：可以。

549. 交易开户 交易主体参与全国碳排放权交易需要开立哪些账户？

答：根据生态环境部《碳排放权交易管理规则（试行）》（公告 2021 年第 21 号）的规定，交易主体参与全国碳排放权交易，应当在交易机构开立实名交易账户，取得交易编码，并在注册登记机构和结算银行分别开立登记账户和资金账户。《碳排放权交易管理规则（试行）》如有更新，以最新发布的相关政策为准。

550. 交易开户 每个交易主体可以开几个交易账户？

答：根据生态环境部《碳排放权交易管理规则（试行）》（公告 2021 年第 21 号）的规定，同一交易主体只能开设一个交易账户。《碳排放权交易管理规则（试行）》如有更新，以最新发布的相关政策为准。

551. 交易开户 申请开立交易账户有哪些要求，需要提供什么材料？

答：交易主体应当保证交易账户开户资料的真实、完整、准确和有效。交易主体需要邮寄以下纸质申请材料至上海环境能源交易所：

（1）全国碳排放权交易系统开户申请表（重点排放单位）1 份（加盖公章、法人签章）；

（2）营业执照副本复印件 1 份（加盖公章）；

（3）法定代表人身份证明复印件 1 份（加盖公章）；

（4）账户代表人授权委托书 1 份（加盖公章、法人签章）；

（5）账户代表人身份证明复印件 1 份（加盖公章）；

（6）联系人身份证明复印件 1 份（加盖公章）；

（7）全国碳排放权交易用户服务协议 2 份（加盖公章、法人签章、加盖骑缝章）；

（8）全国碳排放权交易风险揭示书 1 份（加盖公章、法人签章、加盖骑缝章并完成抄写）。

邮寄地址查询网址：https://www.cneeex.com/gywm/lxwm/，联系电话：021-56903000。

交易主体可以通过上海环境能源交易所官网—“全国碳排放权交易”—“交易开户”（https://www.cneeex.com/tpfjy/fw/zhfw/qgtpfqjy/）查看开户指引并下载相关文件的模板。

552. 交易开户 《全国碳排放权交易用户服务协议》及《全国碳排放权交易风险揭示书》的内容可以修改吗?

答：两份文件均为经生态环境部备案的标准格式文件，内容不可修改。

553. 交易开户 《全国碳排放权交易用户服务协议》及《全国碳排放权交易风险揭示书》的填写有什么要求?

答：两份文件需加盖交易主体公章或合同章，由法定代表人签字或盖章，并加盖骑缝章，其中手抄部分应抄写完整。

554. 交易开户 《全国碳排放权交易用户服务协议》需要填写哪些内容?

答：《全国碳排放权交易用户服务协议》首页需将交易主体地址及法定代表人信息填写完整，第 7 页需手抄画线部分文字，法定代表人需签字盖章并填写签章日期。

555. 交易开户 《全国碳排放权交易风险揭示书》签署需要填写哪些内容?

答:《全国碳排放权交易风险揭示书》第 3 页需手抄画线部分文字，法定代表人需签字盖章并填写签章日期。

556. 交易开户 《全国碳排放权交易用户服务协议》及《全国碳排放权交易风险揭示书》盖章处的落款日期如何填写?

答: 落款日期应填写交易主体加盖公章 / 合同章的日期。

557. 交易开户 《全国碳排放权交易用户服务协议》及《全国碳排放权交易风险揭示书》法定代表人处的签名能否用法人章替代?

答: 可以。

558. 交易开户 《全国碳排放权交易用户服务协议》及《全国碳排放权交易风险揭示书》非法定代表人签字或盖章如何处理?

答: 两份协议法定代表人签字处为他人代签的，需一并提交法定代表人授权他人签字的委托书原件或复印件并加盖公章。

559. 交易开户 《全国碳排放权交易用户服务协议》如何寄回?

答: 上海环境能源交易所收到服务协议一式两份后进行盖章，并将其中一份寄回交易主体预留的交易系统联系人处。

（二）交易账户信息变更

560. 交易主体变更 交易主体如果发生注销、合并、分立等情况，应如何处理？

答：交易主体企业发生注销、合并、分立等情况，经上海环境能源交易所核实后，应注销原有交易账户，以变更后承担履约责任的企业作为交易主体开立交易账户。

561. 交易主体名称变更 交易主体发生更名的应当如何修改？

答：交易主体需要邮寄以下纸质申请材料至上海环境能源交易所：

（1）全国碳排放权交易系统用户信息变更申请表 1 份（加盖公章、法人签章）；

（2）营业执照复印件 1 份（加盖公章）。

邮寄地址查询网址：https://www.cneeex.com/gywm/lxwm/，联系电话：021-56903000。

交易主体可以通过上海环境能源交易所官网—“全国碳排放权交易”—“交易开户”（https：//www.cneeex.com/tpfjy/fw/zhfw/qgtpfqjy/）下载相关文件的模板。

562. 法定代表人变更 交易主体法定代表人发生变更的应当如何修改？

答：交易主体需要邮寄以下纸质申请材料至上海环境能源交易所：

（1）全国碳排放权交易系统用户信息变更申请表 1 份（加盖公章、法人签章）；

（2）营业执照复印件 1 份（加盖公章）；

（3）法定代表人身份证明复印件 1 份（加盖公章）；

（4）账户代表人授权委托书 1 份（加盖公章、法人签章）。

邮寄地址查询网址：https://www.cneeex.com/gywm/lxwm/，联系电话：021-56903000。

交易主体可以通过上海环境能源交易所官网—“全国碳排放权交易”—“交易开户”（https：//www.cneeex.com/tpfjy/fw/zhfw/qgtpfqjy/）下载相关文件的模板。

563. 账户代表人变更 交易主体如何修改账户代表人？

答： 交易主体需要邮寄以下纸质申请材料至上海环境能源交易所：

（1）全国碳排放权交易系统用户信息变更申请表 1 份（加盖公章、法人签章）；

（2）账户代表人授权委托书 1 份（加盖公章、法人签章）；

（3）账户代表人身份证明复印件 1 份（加盖公章）。

邮寄地址查询网址：https://www.cneeex.com/gywm/lxwm/，联系电话：021-56903000。

交易主体可以通过上海环境能源交易所官网—“全国碳排放权交易”—“交易开户”（https：//www.cneeex.com/tpfjy/fw/zhfw/qgtpfqjy/）下载相关文件的模板。

564. 联系人变更 交易主体如何修改联系人？

答： 可通过交易客户端“用户信息管理”—“用户信息修改查看”变更交易系统联系人。

（三）交易账户绑定

565. 银行绑定 交易主体如何进行银行账户的绑定？

答： 需通过注册登记系统确认预绑定后，向全国碳排放权注册登记机构咨询银行账户绑定与激活。

566. 发起预绑定 如何申请发起预绑定？

答： 需编辑发起预绑定申请邮件，内容包括公司名称、交易系统客户号、注册登记账号，发送至客服邮箱 cnets_service@cneeex.com。

567. 解除预绑定 如何申请解除预绑定？

答： 需在注册登记系统确认预绑定并向上海环境能源交易所提交解除预绑定情况说明，内容包括公司名称、统一社会信用代码、解除预绑定原因说明，落款处需加盖公章，并将扫描件发送至客服邮箱 cnets_service@cneeex.com。

（四）出入金相关问题

568. 资金管理 交易客户端有哪些资金管理功能？

答： 交易主体可以通过交易客户端将资金从银行转登记（入金，此项功能暂未开放，目前入金可按照全国碳排放权注册登记机构相关要求发起）、从登记转银行（出金，此项功能须在交易客户端发起），并进行资金相关的流水查询。

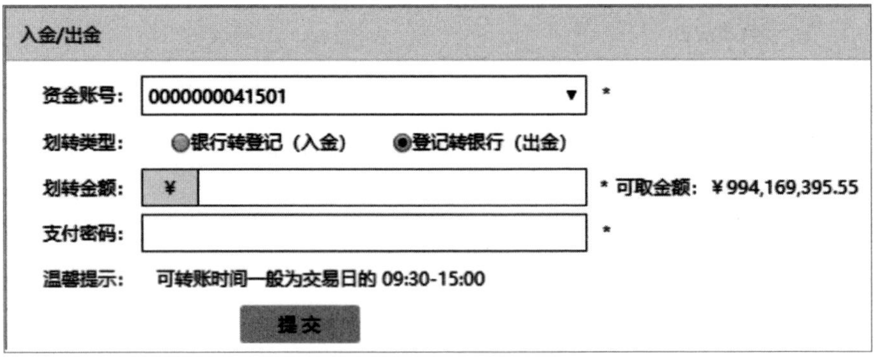

569. 资金管理 交易主体什么时候可以发起出金、入金操作？

答： 交易主体的出入金操作，一般为交易日的 9:30—15:00。

570. 资金转入 交易主体如何进行入金？

答： 现阶段，可按照全国碳排放权注册登记机构相关要求发起入金操作。

571. 资金转入 交易主体转入的资金何时可用？

答： 一般情况下转入的资金于下一交易日生效可用。

572. 资金转出 交易主体如何进行出金？

答： 出金需登录交易系统客户端在资金管理中提交出金申请，出金申请将于当日结算后处理完成。

573. 资金转出 当日卖出配额的资金当天是否可以转出?

答：不能。根据生态环境部《碳排放权交易管理规则（试行）》（公告 2021 年第 21 号）的规定，卖出交易产品的资金可以用于该交易日内的交易。同时，当日卖出配额的资金当日不得发起转出。

（五）配额划转

574. 配额转入 如何将配额从管理科目转入至交易科目?

答：配额转入可通过交易系统或注册登记系统发起申请。配额划转申请时间为每个交易日的 9:30—15:00。

575. 配额转入 从管理科目转入至交易科目的配额何时可用?

答：配额转入申请成功后，一般情况下划转的配额下一交易日生效可用。

576. 配额转入 无法在交易客户端发起配额转入申请如何解决?

答：需要交易主体确认在全国碳排放权注册登记系统中“交易系统划转”功能是否开启。

577. 配额转出 如何将配额从交易科目转出至管理科目?

答：配额转出须登录交易客户端在配额管理栏目提交配额转出申请。配额划转申请时间为每个交易日的9:30—15:00，配额转出申请将于当日结算后处理完成。

578. 配额转出 当日买入的配额是否可以当日卖出或发起转出申请?

答：不能。根据生态环境部《碳排放权交易管理规则（试行）》（公告2021年第21号）的规定，已买入的交易产品当日内不得再次卖出。同时，当日买入的交易产品当日也不得发起转出。

（六）重置密码

579. 重置密码 交易主体如何重置登录密码?

答：（1）在交易客户端登录界面输入交易系统客户号及操作员账号，点击“忘记密码”自行重置；

（2）编辑登录密码重置申请邮件，内容包括企业名称、交易系统客户号、操作员账号、重置登录密码及重置原因，发送至客服邮箱cnets_service@cneeex.com。登录密码重置短信默认发送至交易主体预留的账户代表人手机号。

580. 重置密码 交易主体如何重置支付密码?

答：需编辑支付密码重置申请邮件，内容包括企业名称、交易系统客户号、申请重置支付密码及重置原因，发送至客服邮箱cnets_service@cneeex.com。支付密码重置短信默认发送至交易主体预留的账户代表人手机号。

（七）交易账户信息查询

581. 交易对手方 交易主体如何查看自己的交易对手方？

答：交易成交后可以在交易客户端“当日查询”或“历史查询”中查看已成交协议的交易对手方客户号及企业全称。

582. 交易明细 交易主体如何自行查看交易明细？

答：可以通过交易客户端“当日查询”“历史查询”以及“日终报表”等功能导出带有“上海环境能源交易所股份有限公司”字样水印的已成交交易明细。

583. 交易明细 如何申请纸质版盖章的交易明细？

答：申请交易明细最小日期单位为一个自然月。申请交易明细需编辑申请邮件，内容包括企业名称、统一社会信用代码、交易系统客户号及申请月份，发送至客服邮箱 cnets_service@cneeex.com。申请的本月交易明细将于次月邮寄至交易主体预留在交易系统中的联系人地址。交易主体应确认预留联系人信息无误，如需变更联系人地址，可登录交易客户端“用户信息管理”—“用户信息修改查看”提交变更申请。

584. 日终报表 交易主体如何查询全国碳排放权交易的日终报表？

答：通过交易客户端点击左侧“日结报表”—“日终报表查询”菜单，选择交易日期，可以查看历史日终报表。

585. 日终报表 日终报表中有什么内容？

答： 日终报表包括每个交易账号下所有资金账号的资金汇总信息和所有配额账户的持仓汇总信息。

586. 日终报表 什么时候可以查询到当天的日终报表？

答： 交易主体可以在结算后查询到当天的日终报表数据。

587. 日终报表 如何导出日终报表？

答： 通过交易客户端点击左侧“日终报表”—“日终报表查询”菜单，回到日终报表查询页面，点击“打印预览”按钮可以预览要打印的日终报表信息。

588. 询证函 上海环境能源交易所如何受理询证函，对内容或格式有无要求？

答： 交易主体委托第三方机构发送询证函的，需将加盖公章的纸质版文件邮寄至上海环境能源交易所，文件内容需明确企业交易系统客户号及查询截止日期，并写明查询交易账户内的具体事项，如“交易账户内配额余额”“交易账户内资金余额”等。

589. 交易凭证 全国碳排放权交易产生的凭证如何保存？

答： 根据生态环境部《碳排放权交易管理规则（试行）》（公告 2021 年第 21 号）的规定，交易机构应当妥善保存交易相关的原始凭证及有关文件和资料，保存期限不得少于20年。交易主体可以通过交易机构获取交易凭证及其他相关记录。

六、会计及收费处理相关问题

590. 会计处理 全国碳排放权交易如何进行会计处理?

答: 可以参阅财政部2019年12月发布的《碳排放权交易有关会计处理暂行规定》(财会〔2019〕22号)。

591. 交易手续费 全国碳排放权交易是否收取交易手续费?

答: 交易手续费收取时间及收取方式待主管部门进一步明确后公告。

七、交易争议处置相关问题

592. 争议解决 交易机构与交易主体之间发生争议应如何处理?

答: 根据生态环境部《碳排放权交易管理规则(试行)》(公告2021年第21号)的规定,交易机构与交易主体之间发生有关全国碳排放权交易的纠纷,可以自行协商解决,也可以依法向仲裁机构申请仲裁或者向人民法院提起诉讼。《碳排放权交易管理规则(试行)》如有更新,以最新发布的相关政策为准。

593. 争议解决 交易主体之间发生争议应如何处理?

答: 根据生态环境部《碳排放权交易管理规则(试行)》(公告2021年第

21 号）的规定，交易主体之间发生有关全国碳排放权交易的纠纷，可以自行协商解决，也可以向交易机构提出调解申请，还可以依法向仲裁机构申请仲裁或者向人民法院提起诉讼。《碳排放权交易管理规则（试行）》如有更新，以最新发布的相关政策为准。

594. 交易机构调解 交易主体如何向交易机构提出调解申请？

答：根据生态环境部《碳排放权交易管理规则（试行）》（公告 2021 年第 21 号）的规定，申请交易机构调解的当事人，应当提出书面调解申请。交易机构的调解意见，经当事人确认并在调解意见书上签章后生效。《碳排放权交易管理规则（试行）》如有更新，以最新发布的相关政策为准。

八、交易客户端使用相关问题

595. 客户端 如何下载全国碳排放权交易系统客户端？

答：可以通过上海环境能源交易所官网—“全国碳排放权交易”—“交易客户端”下载全国碳排放权交易系统客户端安装包（https：//www.cneeex.com/tpfjy/fw/jyxtxz/qgtpfqjyxtkhd/）。

596. 客户端 安装全国碳排放权交易系统客户端需要满足哪些软硬件要求？

答：浏览器要求：IE10.0（或以上）、Chrome 浏览器 V69.0（或以上）、Firefox 浏览器 V68.0（或以上）、360 浏览器 V10.1（或以上），建议分辨率设置为 1440 × 900（或以上）。

计算机要求：2 G 内存（或以上）；具有网络连接设备（调制解调器或网卡）。

操作系统要求：Windows 7 或以上。

597. 客户端 交易客户端具体应该如何使用？

答： 可以通过上海环境能源交易所官网—“全国碳排放权交易”—“交易客户端”下载查看《全国碳排放权交易系统客户端用户操作手册》。网址为 https：//www.cneeex.com/tpfjy/fw/jyxtxz/qgtpfqjyxtkhd/。

598. 客户端 交易客户端的使用有无演示说明？

答： 有。可以通过上海环境能源交易所官网—“全国碳排放权交易”—“交易客户端”查看全国碳排放权交易账户与交易客户端介绍演示视频。网址为 https：//www.cneeex.com/tpfjy/fw/jyxtxz/qgtpfqjyxtkhd/。

599. 客户端异常 交易客户端登录按钮呈灰色无法登录如何解决？

答： 交易客户端只能通过外网访问，各企业内网无法访问。该问题一般为网络不通引起，需交易主体 IT 人员检查本地网络是否畅通，是否存在内网网络安全策略。交易客户端需要开放的网络参数如下：

IP 地址：218.97.8.158（该地址会更新）；

端口：7766，6004。

600. 客户端异常 交易客户端登录时显示“客户操作员非正常状态”如何解决？

答： 需绑定并激活银行账户后方可正常登录。

601. 客户端异常 交易客户端登录时显示“无法获取主界面菜单”如何解决?

答: 或因操作员账号状态异常导致，需拨打上海环境能源交易所客服电话反馈异常情况，经核实处理后重新登录即可。

602. 客户端异常 交易客户端登录之后“大宗协议”“资金管理”等页面后无法打开，一直呈现空白页面、“加载中”，或提示“浏览器异常”，如何解决?

答: 该问题为客户 Windows 组件中 .net framework 的版本过低引起。解决方式如下:

（1）Windows 组件中 .net framework 版本需要升级至 4.5.2 及以上，最新 .net framework 可通过微软中国官方网站（https://dotnet.microsoft.com/download/dotnet-framework）免费获取;

（2）计算机系统版本需要更新至 Windows 7 64 位及以上。